铜绿假单胞菌转录调控蛋白 PmiR 的功能及其作用机制

崔国艳　著

中国原子能出版社

图书在版编目(CIP)数据

铜绿假单胞菌转录调控蛋白 PmiR 的功能及其作用机制 /
崔国艳著. -- 北京：中国原子能出版社, 2024. 9.
ISBN 978-7-5221-3653-0

Ⅰ. Q939.11
中国国家版本馆 CIP 数据核字第20242VM067号

铜绿假单胞菌转录调控蛋白 PmiR 的功能及其作用机制

出版发行	中国原子能出版社(北京市海淀区阜成路43号　100048)
责任编辑	白皎玮　陈佳艺
责任校对	刘　铭
责任印制	赵　明
装帧设计	邢　锐
印　　刷	河北宝昌佳彩印刷有限公司
开　　本	787 mm×1092 mm　1/16
印　　张	8.5
字　　数	160 千字
版　　次	2024 年 9 月第 1 版　2024 年 9 月第 1 次印刷
书　　号	ISBN 978-7-5221-3653-0　　　　**定　价　78.00 元**

发行电话：**010-68452845**　　　　　　　　　　版权所有　侵权必究

前　言

　　丙酸盐和丙酰辅酶 A 是细菌发酵的常见副产物，在哺乳动物的胃肠道中大量产生，但它们的积累对细胞具有毒性，2-甲基柠檬酸循环（2-methylcitrate cycle，2-MCC）途径可有效地将丙酸盐和丙酰辅酶 A 通过一些关键酶反应最终转化为琥珀酸和丙酮酸，在维持细菌内代谢平衡方面发挥着至关重要的作用，但是目前关于铜绿假单胞菌中 2-MCC 的代谢途径尚不清楚。

　　铜绿假单胞菌是一种分布广泛的革兰氏阴性条件致病菌，其适应和穿透宿主防御系统的能力使其成为临床非常常见的微生物，可引起严重的急性和慢性感染。铜绿假单胞菌高发病率的部分原因在于其灵活的适应性反应及根据环境压力调节基因表达的能力。细菌对外部环境变化的适应在很大程度上是通过细菌的转录调控实现的。GntR 家族是细菌中分布最为广泛的一类转录调控因子，可参与调控细菌的许多细胞过程。本研究以铜绿假单胞菌 PA0797 编码的 GntR 家族调控蛋白 PmiR（PQS 和 2-methylisocitrate receptor）作为研究对象，利用转录组学、高效液相色谱法（HPLC）、凝胶迁移实验（EMSA）、DNA 酶 I 足迹法、ITC 及 X-射线晶体衍射等实验技术，围绕铜绿假单胞菌 PmiR 蛋白如何响应环境信号以实现对代谢途径和毒力因子的转录调控机制展开研究。主要研究内容有以下五个方面。

　　一是铜绿假单胞菌 2-甲基柠檬酸代谢途径及 *prp* 操纵子的表型。

　　通过转录组学数据分析比较野生株 PAO1 和 Δ*pmiR* 基因差异表达谱，结果表明 *pmiR* 基因显著抑制了参与 2-MCC 代谢途径中的三个关键酶 *prpB*、*prpC* 和 *prpD* 的基因表达。通过 HPLC 检测 2-MCC 中三个关键酶的酶促反应并绘制出 2-MCC 代谢反应流程图。同时以 2-MCC 代谢途径中的相关物质为唯一碳源的生长实验结果表明，Δ*pmiR*、Δ*prpB*、Δ*prpC*、Δ*prpD* 突变体相对于野生型 PAO1 的生长明显变慢，且 *pmiR*、*prpB*、*prpC* 和 *prpD* 基因敲除后促进了绿脓菌素的产生和运动能力。以上研究充分说明，2-MCC 代谢及其关键基因在铜绿假单胞菌的毒力中发挥着重要作用。

　　二是 PmiR 在 2-MCC 中的调控作用。

　　通过 *lux* 发光报道子和 western blot 实验从转录和翻译水平上证实 PmiR 负调控 *prpB*、*prpC* 和 *prpD* 基因的表达，利用 DNA 酶 I 足迹法和 EMSA 实验进一步证明 PmiR 直接调控 *prpB* 基因。还发现 ΔpmiRΔprpB、ΔpmiRΔprpC、ΔpmiRΔprpD 双敲菌株的绿脓菌素和运动能力能恢复至野生型PAO1水平。通过 EMSA 和 ITC 实验，证实 MIC(2-甲基异柠檬酸，2-methylisocitrate)及其类似物异柠檬酸作为信号分子影响了 PmiR 介导的基因表达。

三是 PmiR 在群体感应系统(QS)中的调控作用。

对 QS 中 las、rhl 和 pqs 系统相关基因通过 *lux* 发光报道子检测，结果表明，PmiR 负调控了 *pqsA*、*pqsR* 和 *pqsH* 基因表达。EMSA 实验证实 PmiR 可直接调控 *pqsR* 和 *pqsH* 基因，且 DNA 酶 I 足迹法和定点突变实验进一步确定了 PmiR 与 *pqsR* 和 *pqsH* 的具体结合区域。通过薄层层析和绿脓菌素产生实验证实 ΔpmiRΔpqsR 和 ΔpmiRΔpqsH 双敲菌株绿脓菌素能恢复至野生型水平，说明 PmiR 通过抑制 pqs 系统进而影响绿脓菌素的产生。

四是 PmiR 和 MIC 复合物结构解析。

通过晶体实验解析出 PmiR 与 MIC 复合物的晶体结构并确定了关键位点。对这些位点进行定点突变，通过 EMSA、ITC 和绿脓菌素产生实验证实位于 D143、H147、H192、H214、R95、R184 和 S218 位点的氨基酸残基对稳定 PmiR 与 MIC 的结构和活性至关重要。PmiR 和同源蛋白 FadR 有 25% 的序列相似性，这说明虽然同属一个家族，但是各亚家族蛋白为了适应环境变化在结构上已发生了较大的变化。

五是 PmiR 抑制铜绿假单胞菌对小鼠的致病性。

在小鼠急性肺炎感染模型中，铜绿假单胞菌感染后通过对小鼠存活率、细菌负荷、组织损伤和炎症细胞因子等检测，发现 PmiR 通过调控 pqs 系统基因 PqsR 进而抑制铜绿假单胞菌的毒力，而 PmiR 可能通过 STAT3/NF-κB 信号通路下调小鼠的细胞焦亡和炎症反应。

总之，本书对铜绿假单胞菌中 GntR 家族调控蛋白 PmiR 的功能和作用机制进行了深入研究，解析了 PmiR 与 MIC 晶体复合物结构，阐明了其在 2-甲基柠檬酸代谢、群体感应系统以及细菌毒力方面的重要作用。本书将 PmiR 确定为一种重要的代谢传感器，它使铜绿假单胞菌能够感知环境信号进而调整其代谢状态，并协调控制铜绿假单胞菌的毒力，同时也可将其作为药物靶标用于 2-MCC 相关疾病的诊断和治疗。

目　录

第1章　绪　论

1.1　铜绿假单胞菌概述

铜绿假单胞菌俗称绿脓杆菌，是一种专性需氧菌，在囊性纤维化（cystic fibrosis，CF）患者、烧伤患者中常见的革兰阴性环境微生物，它能在阿米巴、植物到人类等一系列宿主中引起急性和慢性感染。重要的是，铜绿假单胞菌在大多数 CF 患者中引起慢性呼吸道感染，并与该疾病相关的发病率和死亡率直接相关[1]。研究认为，绿脓杆菌能在 CF 患者中造成慢性感染，是由于绿脓杆菌的大量基因库及其对宿主环境的遗传适应能力。另外，菌体内的生物膜和是否存在 β-内酰胺酶及各种外排系统，都使铜绿假单胞菌成为医院感染和医院获得性肺炎的主要原因。铜绿假单胞菌也是医疗器械(如导管、雾化器、加湿器)最常见的定植菌，可引起呼吸机相关肺炎、脑膜脑炎、败血症等[2]，是导致医院感染的病原体之一。其适应和穿透宿主防御系统的能力使其成为临床环境中十分常见的分离微生物之一，可引起不同的组织类型感染。这些感染的时间范围很广，从短至几天的急性感染，到长达数十年肺部囊性纤维化感染[3]。铜绿假单胞菌能够通过高度保守的基因组实现这种广泛的感染能力[4]。

2000 年铜绿假单胞菌 PAO1 株全基因组序列发表，其基因组大小约为 630 万碱基对，明显大于二十五个已测序细菌基因组中的大多数，接近于低等真核生物的基因组，预计其 9% 的 ORF 会编码具有调节功能的蛋白质，还含有细菌基因组中观察到的最高比例的调节基因，以及大量参与有机化合物分解代谢、运输的基因和在不同环境中定植、运输和抗菌素耐药性基因[5]。根据其基因组特点铜绿假单胞菌的基因组可分为三类：核心基因组、辅助基因组和泛基因组，核心基因组区域约占总基因的 90%。铜绿假单胞菌基因组显示出较低的遗传多样性水平(0.5%～0.7%)，大多数具有管家基因的功能[6]。辅助基因组约占整个基因组的 6.9%～18%，只存在于某些菌株中，在同一物种的其他菌株中也不存在[7-8]。铜绿假单胞菌的基因组规模大，包括与多种代谢途径、毒力因子、转运和趋化性相关的基因，还有用于底物吸收和催化的基因使细菌能够代谢各种化合物作为营养物质，这赋予了铜绿假单胞菌巨大的适应能力。这种细菌能够协调代谢途径，根据周围条件和资源优化营养和繁殖潜力，因此，它可以在不同环境中生存、生长并引起感染。铜绿假单胞菌基因组的大小和复杂性反映了一种进化适应性，庞大的基因组使其能够适应不同的环境并抵抗环境中一些抗菌物质的作用[9]。过去二十年针对铜绿假单胞菌毒力研究主要集中于群体感应系统和生物膜形成所起的作用。尽管与这些表型相关的关键调节因子（retS、ladS、lasR、gacA、gacS、rsmA、rsmY、rsmZ 等）确实起到了重要作用，但在大多数情况下，它们并没有进入任何感染类型的"前二百名"，这并不是说这些调控因子在感染中不起重要作用。与过去二十年中成为抗微生物研究的首选目标的多效性毒力调节剂不同，一些代谢酶通常在细菌中是高度保守的，可作为药物靶标用于药物开发。目前新的抗菌药物缺乏，细菌的耐药性越来越严重，加之学术界对铜绿假单胞菌与宿主之间的相互作用仍知之甚少，使得有效疗法和疫苗的开发变得复杂。参与代谢的一些酶在细菌中是高度保守的[10]，是了解这种病原体的病理适应性的关键，而铜绿假单胞菌基因组包含多种基因调控途径，因此，对铜绿假单胞菌调控系统及代谢途径的分子机制展开进一步的研究，是筛选新的药物靶标、研发高效新型药物、控制铜绿假单胞菌感染及治疗的关键。

1.2　铜绿假单胞菌主要致病机理

铜绿假单胞菌是囊性纤维化患者呼吸道中常见的定植菌，菌体内含有大量的毒力因子，这些毒力因子可使铜绿假单胞菌根据不同环境做出不同的调整，使得铜绿假单胞菌拥有更大的适应性和灵活性。深入了解这些毒力机制对于设计针对这种多重耐药病原体的治疗策略和疫苗至关重要。

1.2.1　绿脓菌素

绿脓菌素（PCN）是由两个 phzABCDEFG 操纵子编码的基因产物，phzH、phzM 和 phzS 基因可将前体修饰成三环化合物。PCN 的合成受群体感应（QS）的调控，当低分子量的信号分子细胞密度增加时，细胞间的信号分子浓度也增加，进而调节毒力基因的表达[11]。LasR 和 RhlR 的调节活性分别由 LasI 与

N-3-氧代-十二烷酰基-高丝氨酸内酯结合和 RhlI 与 N-丁酰基-高丝氨酸内酯
(C4-HSL)结合诱导调节。在细胞密度较高时，转录激活剂 LasR 和 RhlR 分别
与 PAI-1 和 PAI-2 结合形成复合物，以诱导各种靶基因的转录表达，包括编码
毒力因子产生的基因，进而激活 PCN 的生物合成[12]。

　　机会性病原体铜绿假单胞菌可分泌 2-庚基-3-羟基-4-喹诺酮(PQS)能调节
包括绿脓菌素在内的众多毒力基因的表达。pqs 系统在遗传上由至少五个转录
单元组成。也就是说 pqsABCDE 与 pqsR 和 phnAB 聚集在同一基因座中，pqsL 和
pqsH 均位于远端区域，这些区域的编码蛋白和因子负责五十多种喹诺酮类代
谢物的生物合成，其中 PQS、HHQ 及其 C-9 烷基链同源物激活 PqsR 转录激活
剂，并随后调节 PQS 信号系统。生物合成途径始于邻氨基甲酸，然后羧酸通
过邻氨基苯甲酸盐辅酶 A 连接酶 PqsA 的作用而活化，启动 PQS 生物合成的第
一步。pqsA、pqsB 和 pqsD 突变体不产生任何烷基喹诺酮(AQs)[13-14]。PqsB、
PqsC 和 PqsD 可能是 3-氧酰基-(酰基载体蛋白)合成酶，它们通过 β-酮癸酸介
导邻氨基苯甲酸转化为 2-庚基-4-喹诺酮(HHQ)[15]。HHQ 是 PQS 的前体，可
在铜绿假单胞菌细胞间转移。PqsH 基因编码一种 FAD 依赖性单加氧酶，该酶
是 HHQ 转化为 PQS 所必需的。据预测 PqsL 也是一种单加氧酶，有可能参与
AQ 氮氧化物的合成。PqsL 的中断导致 PQS 的生产过剩，这可能是由于 AQ 氮
氧化物途径受阻导致 HHQ 的累积[16-17]。PqsE 是一种金属 β-内酰胺酶，在烷
基喹诺酮类生物合成中起硫酯酶的作用，水解 2-氨基苯甲酰基乙酰基辅酶 A，
生成 2-氨基苯甲酰乙酸酯，HHQ 和 2-氨基乙酰苯酮的前体，PqsE 的活性可以
被特异性的硫酯酶 TesB 部分抵消，这揭示了 PqsE 缺失突变体可继续合成
HHQ 和 PQS 的原因，所以 pqsE 突变不影响 PQS 生物合成，突变体对 PQS 也
没有反应，并且不表达 PQS 控制的表型，如绿脓杆菌素和 PA-IL 凝集素的产
生。相反，PqsE 的过表达单独导致绿脓杆菌素和鼠李糖脂的生成增强[18-19]。
PqsR 是一种 LysR 型转录调节因子，与 pqsABCDE 操纵子的启动子区域结合，
并直接控制操纵子的表达[20]。pqsR 的表达受 LasR/OdDHL 控制。PqsR 是 PQS
的同源受体，也是其共同诱导剂，因为当 PQS 与受体结合时，PqsR 诱导
pqsABCDE 表达的活性显著增加[21]。PQS 作为信号分子可与 PqsR 结合激活
PQS 系统，该系统的突变会减少绿脓菌素的产生[22]。可见，PQS 信号系统在
细菌感染中发挥重要作用。而且，lasR-lasI、rhlR-rhlI 和 mvfR-haq QS 系统中的
突变也会导致 PCN 生成的减少[23-24]。以上研究表明，通过群体感应系统中的

多层级微调反应可以使铜绿假单胞菌在不同的条件下实现灵活的细胞间交流。

绿脓菌素是一种两性离子，T2SS 分泌的吩嗪类化合物具有氧化还原活性，容易穿透生物膜，其自由基和促炎症作用可使疾病加重和肺功能下降。它可以增加细胞内的 ROS 和 H_2O_2，引发氧化应激，破坏细胞、酶和 DNA，导致细胞溶解[25]。同时 eDNA 的释放，可能有助于形成生物膜，导致感染时间延长[26]，也可诱导线粒体 ROS 释放，导致中性粒细胞凋亡。此外，它减缓睫状肌跳动，引起上皮细胞破坏，增加呼吸道黏液分泌，促进菌体在肺部的定植[27-28]。

1.2.2　铜绿假单胞菌的运动性

铜绿假单胞菌的运动性和趋化性被认为是宿主定植和毒力所必需的，因为它可使细菌在非生物表面(如医疗设备)增殖、生物表面的定植(如受损组织)、在物体表面的扩散起重要作用[29]。细菌的运动能力主要通过其鞭毛和菌毛实现，是细菌建立感染所必需的。铜绿假单胞菌主要有泳动、丛动、蹭动和滑行四种运动形式。每个铜绿假单胞菌都有一个单极鞭毛，鞭毛通过螺旋运动提供细菌运动[30]。鞭毛主要负责在低黏度环境中以螺旋状旋转的方式泳动和蜂拥运动，以推动细菌向前移动。蹭行运动主要与 IV 型菌毛的伸展和收缩有关，这个过程涉及 PilA、PilC、PilB、PilQ 一系列蛋白质，它们快速组装和拆卸，导致蹭行运动[31]。这种运动导致细胞聚在一起，并积极参与细菌的迁移、固定和生物膜形成[32]。因此，运动对细菌的多种功能至关重要，如帮助细菌获取营养、表面检测和移位、逃避有毒物质、生活方式改变和生物膜形成，而且细菌的运动和粘附在触发宿主免疫反应和慢性感染的发展中起着重要作用，以有利于病原菌在恶劣的环境中生存[8,33]。

1.3　铜绿假单胞菌群体感应系统

细胞间交流并协调活动依赖低分子量自诱导物释放的信号，这种通信系统被称为"群体感应"(quorum sensing，QS)，它在有益细菌和致病细菌的生活方式中起着关键作用[34]。QS 通常被称为"密度依赖性"，细菌细胞的临界密度是自诱导剂达到阈值和激活蛋白结合所必需的，进而调控靶基因的表达[35]。QS 复杂的种内和种间相互作用网络、多层级的相互调控，可使铜绿假单胞菌在感染过程中维持种群内环境稳定。

铜绿假胞菌具有特别复杂的 QS 结构，其中 las、rhl、pqs 和 iqs 四个相互关联的系统按照复杂的调节网络以分层方式运行，以在感染过程中维持种群内稳态。las 系统位于信号层次的顶端，控制其他三个系统的表达。LasR 与自诱导物结合可激活 *rhlR* 和 *rhlI* 的表达以及 *pqsR*、*pqsABCDH* 基因的表达[36-37]。RhlR 是控制毒力基因表达的关键群体感应成分，与 C4-HSL 结合后激活其自身的调节子 *rhlI*，它可以被 LasR 或 PqsR 一起激活[38]。IQS 可激活 PQS 基因的表达和 C4-HSL 产生[39]。PqsR-PQS 复合物可以自诱导 PQS 合成，进而激活 rhl 系统的过度表达，但 rhl 系统也可抑制 *pqsR* 和 *pqsABCD* 的表达[40]。pqs 的前体由 pqsABCD 操纵子编码产生 2-heptyl-4(1H)-quinolone(HHQ)，HHQ 由单加氧酶 PqsH 转化为 PQS。pqs 系统和 las、rhl 系统之间的调控作用相互交织。las 诱导 rhl 和 pqs 系统的表达。一旦激活，pqs 系统积极调节 rhl(通过 pqsE 发挥作用)，而 rhl 反过来也抑制 pqs[41]。rhl 和 pqs 之间密切相关，rhl 和 pqs 控制的两个重要毒性因子是具有氧化还原活性绿脓菌素和生物表面活性剂的鼠李糖脂。在肺部感染期间，绿脓杆菌素诱导呼吸道上皮细胞的氧化应激和促炎反应，其存在与疾病严重程度正相关[28]。

铜绿假单胞菌每个 QS 回路都有一个特征性的化学信号，这些信号分子进入细胞质并与其同源转录激活物(如 LasR、RhlR、PqsR 和 Iqs 系统的未知受体)结合之后形成复合物，当复合物与相应的基因启动子再结合，可启动相应的正、负级联调节[14]。因此，每个复合物(例如 PqsR-PQS)都会产生一个自诱导通路，该通路会显著增加 QS 信号的数量，同时还控制相关毒力因子如绿脓菌素、生物发光、粘附、运动、生物膜形成和次生代谢相关的多种基因[42]。然而，这些复合物不仅激活了相关的调控子，还控制了与其他系统相关的调控子或基因。宿主体内铜绿假单胞菌分泌的信号分子释放到受感染的组织和体液中[43]。因此自诱导物可以被用作感染的生物标志物，并可提供有关致病菌、感染状态和疾病进展的相关信息。目前已经开发了许多技术来定量测量临床样本或细菌培养物中的 QS 信号分子。尤其是 pqs 系统，因其拥有铜绿假单胞菌特异性分子，将其量化可作为临床病原体识别，已经引起广泛关注[44]。

1.4 细菌 2-甲基柠檬酸循环代谢

丙酸盐是非常丰富的短链脂肪酸，是细菌发酵的常见副产物，哺乳动物的胃肠道中有大量的丙酸盐。丙酰辅酶 A 是奇数链脂肪酸 β-氧化、支链脂肪酸分解代谢、支链氨基酸降解和胆固醇分解代谢的副产物[45]。而丙酸或其衍生物的积累对细胞具有致命毒性。因此，丙酸及其分解代谢产物的有益作用（其骨架是一种有用的碳源）与丙酸毒性之间存在着平衡[46]。那么细胞如何代谢丙酸或丙酰辅酶 A？目前有三种不同的机制：①2-甲基柠檬酸循环途径（2-methylcitrate cycle，2-MCC）；②甲基丙二酰途径；③丙酰基进入细胞壁脂质。在哺乳动物细胞中，甲基丙二酰-CoA 途径是解决丙酰辅酶 A 毒性的主要途径。在大多数细菌中，如结核分枝杆菌、苏云金芽孢杆菌和谷氨酸棒菌中，2-甲基柠檬酸循环是丙酸解毒和分解代谢的主要途径[47]。2-甲基柠檬酸循环是一种广泛分布的碳代谢途径，在细菌丙酸或丙酰辅酶 A 的平衡方面起着至关重要的作用[46,48]。为了避免丙酸和丙酰辅酶 A 的过度积累，细菌进化出一种策略，通过 2-甲基柠檬酸循环途径可将这两种物质转化为无毒的琥珀酸和丙酮酸[49]。且 2-甲基柠檬酸循环许多代谢底物和 TCA 极其相似，所以它可作为 TCA 循环的延伸，TCA 循环的重要功能是为生物体内细胞代谢提供重要的碳骨架和能量。人们对它进行了深入的研究，但它与 2-甲基柠檬酸循环的相互联系却很少受到关注。

　　2-MCC 最初被认为只存在于解脂假丝酵母和巢状曲霉等真菌物种中[50]。随着研究的深入和生物信息学的发展，越来越多的研究发现 2-甲基柠檬酸循环广泛存在于细菌中[51-52]。2-甲基柠檬酸循环途径首先从丙酰辅酶 A 和草酰乙酸开始，它们通过 2-甲基柠檬酸合酶 PrpC 转化为 2-甲基柠檬酸，然后通过由 2-甲基柠檬酸脱水酶 PrpD 和乌头酸酶 AcnB 控制的脱水和再水化步骤进行异构化，合成 2-甲基顺乌头酸和 2-甲基异柠檬酸（2-methylisocitrate，MIC），最后由 2-甲基异柠檬酸裂解酶 PrpB 将底物 MIC 裂解为琥珀酸和丙酮酸，它们可以为中枢代谢提供碳和能源[48]。柠檬酸循环是最重要的代谢途径，与其他代谢途径、循环不同，已知 TCA 循环的突变很少，这可能是由于这种代谢循环对于生命的生存至关重要。而 2-MCC 代谢与 TCA 循环代谢的许多步骤比较相似，首先乙酰辅酶 A 与草酰乙酸在柠檬酸合酶催化下缩合生成柠檬酸，然后柠檬酸被异构化为异柠檬酸，异柠檬酸在一系列酶的作用下生成 α-酮戊二酸，其最终转化为琥珀酰辅酶 A，其经底物水平磷酸化最终生成琥珀酸，最后经脱氢和水化作用琥珀酸转化为草酰乙酸。纵观两个循环过程，2-甲基柠檬酸循环的一些中间代谢物可直接进入 TCA 循环被代谢利用。

　　纵观 2-甲基柠檬酸循环途径，主要由三种核心酶催化完成；2-甲基柠檬酸合成酶(由 *prpC* 编码)、2-甲基柠檬酸脱水酶(由 *prpD* 编码)和 2-甲基异柠檬酸裂解酶(由 *prpB* 编码)[48]。在大多数肠杆菌科细菌中,这三个核心酶基因以基因簇的形式存在于 *prp* 操纵子中。然而这些基因簇的排列形式在一些生物体存在一些变化。例如,大肠杆菌和肠沙门氏菌,*prp* 操纵子还含有丙酰辅酶 A 合酶基因(*prpE*),而 prpE 基因编码的蛋白产物 PrpE 可以直接将丙酸转化为丙酰辅酶 A。在 *S. enterica* 中,乙酰辅酶 A 合酶可以替代 PrpE,因此在 *acs* 突变背景下,*prpE* 对丙酸生长至关重要[53]。PrpR 是一种 sigma-54 家族转录调节因子,需要 2-甲基柠檬酸作为 *S. enterica* 中的共同激活因子。*prp* 基因的表达也被认为受小 RNA 分子的调控。奈瑟菌代谢调节因子 NmsRs 在脑膜炎奈瑟菌中起着开关的作用,控制着复性代谢和回补代谢之间的转换。几个三羧酸循环相关的基因(包括 *prpF*、*prpB*、*acnB* 和 *prpC*)的表达在 NmsRs 的直接作用下是下调的,NmsRs 本身的表达也受到(p)ppGpp 合酶-RelA 的严格控制[54]。

1.5 细菌 2-甲基柠檬酸循环的生理功能

细菌 2-甲基柠檬酸循环生理功能具有两面性。一是 2-甲基柠檬酸循环的关键酶可以把丙酸或丙酰辅酶 A 分解为终产物琥珀酸和丙酮酸,同时为菌体代谢提供碳源和能量。二是当 2-MCC 在菌体内被阻断时,例如 2-MCC 代谢中的一些关键酶基因或调节因子发生突变或缺失时,某些有毒的中间代谢物就会逐渐累积,并产生毒性作用。所以在 2-甲基柠檬酸分解代谢提供的有益作用和毒性作用之间存在着动态平衡。

2-MCC 已有研究被证明有助于细菌致病性[55]。当 2-甲基柠檬酸与 PrpR 结合时,会迅速诱导 2-MCC 基因簇的转录,从而降低丙酸衍生代谢物的毒性[56]。谷氨酸棒杆菌调控蛋白 PrpR 会响应小分子代谢物 2-甲基柠檬酸以激活 *prp* 操纵子的转录[57]。在苏云金芽孢杆菌中 2-甲基柠檬酸的富集会延迟孢子形成[58]。此外,2-甲基柠檬酸循环途径中关键酶的突变或缺失往往会导致某些具有细胞毒性的中间代谢物(如 2-甲基柠檬酸和 2-甲基异柠檬酸)的积累,并影响生物体的生理代谢[59-60]。呼吸道病原菌铜绿假单胞菌也利用 2-甲基柠檬酸循环分解代谢呼吸道环境中的丙酸盐,丙酸盐主要来源于呼吸道共存的发酵厌氧菌分解气管支气管粘蛋白得到的。虽然这一途径已得到充分阐明,但在铜绿假单胞菌中 2-甲基柠檬酸循环对丙酸的解毒和产生毒力的确切机制仍然未知，有待进一步探讨[61]。哺乳动物没有 2-甲基柠檬酸循环的核心酶基因和这一代谢途径，这使得这一代谢途径中的一些小分子物质有望成为潜在的药物靶点。

1.6 细菌 GntR 家族转录因子的基本结构

对环境和临床菌株绝大多数基因的研究表明，转录调控在微生物生态适应中相当重要。铜绿假单胞菌编码大量的转录调控因子，其中近 10% 是具有编码能力的调控蛋白[5]。一些转录调节因子对来自多种不同环境的小分子代谢物、离子或药物分子的非常敏感，这些小分子通过与转录因子的结合进而改变其与 DNA 的结合力，最终调节基因的表达。转录调控元件对环境信号分子的响应体现了转录调控网络的复杂性和互联性。在原核生物中，一般由能结合代谢途径的底物或产物的转录因子调节代谢途径中相关酶的表达，而这些转录因子可通过变构来快速响应环境信号[62]。

转录因子通过与代谢物结合导致其结构变化进而调节转录，GntR 家族尤其丰富。GntR 家族成员通常有两个结构域，分别为具有较小的 N-末端 HTH 结构域（N-terminus domain，NTD）和较大的 C-末端结构域（C-terminus domain，CTD）或称为结合寡聚效应物的结构域，见图 1-1。当效应分子与相应结构域结合时，蛋白质构象发生变化，与调控的 DNA 结合的亲和力发生变化，最终通过抑制或激活下游靶基因的转录而影响表达水平[63]。尽管 NTD 中的序列同一性较低，但 GntR 家族成员中 DNA 结合域是非常保守的，CTD 的氨基酸序列在各家族成员中表现出高度异质性。根据效应物结合域之间的差异性，GntR 家族分为七个亚家族[64-65]。

GntR 家族成员中 DNA 结合结构域（the DNA binding domain）是所有转录因子中最具特征的，尽管其结构简单，但仍表现出显著的结构和功能多样性[67]。DNA 结合结构域具有典型的 helix-turn-helix（HTH）结构，通过特定的作用与 DNA 的大沟相互作用。螺旋状的核心是两条 β 链，通过一个小的环相互连接，形似"翅膀"状。目前研究表明 GntR 家族转录因子中有四种转录因子与 DNA 结合，分别为大肠杆菌中的 FadR-DNA[11]、YvoA-DNA[68]、AraR-DNA[69] 和 Vibrio cholerae 中的 FadR-DNA[70]。在所有的结构中，阻遏物的两个单体与同源操纵子 DNA 都以类似的方式结合。来自两个单体的螺旋结合到 DNA 的大沟，两个"翼"基序插入到 DNA 的小沟中。其他蛋白质中的"翼"基序以多种方式与

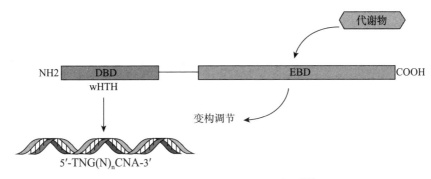

图 1-1 GntR 家族蛋白结构示意图[66]

DNA 结合[24]。然而它在上述四种结构中以相同的方式与 DNA 相互作用，表明 DNA 结合方式在 GntR 的各个亚家族中是保守的。在四种结构中识别的螺旋都垂直于 DNA 的螺旋轴，因此碱基特异性相互作用仅通过所有 DNA 结合结构中的螺旋前端的残基发生。尽管 GntR 家族成员的 NTD 之间的序列相似性仅为 25%[25]，但与 DNA 形成碱基特异性相互作用的残基是保守的。AraR、EcFadR、YvoA 和 VcFadR 都含有保守的精氨酸，它们与 DNA 大沟中的鸟嘌呤形成双齿氢键，这似乎是 GntR 家族的保守特征。类似地，在翼顶端存在的甘氨酸残基也是该家族保守的结构特征。DNA 小沟中的碱基被所有四种结构中的主链羰基氧识别。用任何其他氨基酸替换甘氨酸都可能阻止翼紧贴 DNA 小沟，这已在 FadR 与 DNA 结合过程中被证实[71]。

1.7 细菌 GntR 家族转录因子的进化

根据 PfAM 数据库，GntR 家族构成原核转录因子的最大家族，存在于 764 个细菌分类群中[65]，这些蛋白质折叠结构已被广泛用作调节机制。通过 PfAM 数据库保存的序列对 GntR 蛋白在细菌门的分布进行详细的检查发现，随着基因组的增加和生态位的增加，与专性细胞内的寄生虫和内共生菌（如衣原体和布氏杆菌）相比，生活在复杂、高度可变环境中的生物体（如链霉菌、伯克霍尔德菌、根瘤菌）具有更多的代谢物响应性 GntR 调节因子。这种趋势在具有约 60 种 GntR 调节因子的耻垢分枝杆菌内也得到了验证[72]。在该物种中还观察到在基因衰变过程中，这些转录因子在专性细胞内寄生的麻风分枝杆菌中丢失了[73]。这些结果表明，虽然基因组中增加代谢物调节因子，以便对复杂环境中不断变化的条件做出快速反应，但当一个稳定的生态位被占据并且这一需求得到改善时，这种趋势就会消失。

几个含有 HTH 的转录因子家族在细菌和古细菌中都是保守的。GntR 转录调节因子的分布表明，泛细菌和泛古细菌可能追溯到共同祖先，这表明该结构域非常古老[74]。在整个进化过程中，效应物结构域向 HTH 结构域的招募频繁发生，并导致了蛋白质已知功能的多样性。从分开的 GntR 亚家族看，结构域可能已被交换或融合，从而产生能够对新代谢物作出反应的嵌合蛋白，并根据变化调节细胞过程。虽然没有直接证据表明 GntR 调节器以这种方式进化，但可以从基因组比较和序列分析中推断出这些情况[62]。

还有一种情况是基因复制，这种进化力量为生物体提供了进化新功能的机会。其中一个复制的基因拷贝发生分化，就可能获得差异调节或发生突变，然后进化为具有新功能的基因产物。在寡聚蛋白质中重复拷贝有时会进化为异源寡聚体。因此，通过基因复制可以获得功能变异和差异调节，并在自然环境中提供适应性优势[74]。对大肠杆菌和谷链球菌的研究表明，基因复制在基因的生长中起着关键作用[75]。GntR 亚家族 devA 基因在所有已测序链霉菌的染色体上都有重复，每个同源物都显示出大约 60% 的一致性，同时也表明复制后存在的差异[76]。

1.8　细菌 GntR 家族转录因子的调控模式

PrpR 是肠杆菌中 prp 操纵子表达的主要调节因子。PrpR 是肠杆菌、黄单胞菌和伯克霍尔德菌中 prp 基因的转录激活子，最初是在鼠伤寒沙门菌中发现，但在大多数物种是保守的[77]。在大多数肠杆菌中，丙酸代谢的相关基因 prpR 和 prpBCDE 是按照一定的顺序排列的，虽然在黄单胞菌和变形菌等一些菌中有不同的排列方式[78]。肠道链球菌 PrpR 是一种 σ-54 家族转录调节因子，需要 2-甲基柠檬酸作为共激活剂。2-甲基柠檬酸盐在生长期间积累后与 PrpR 结合后，MCC 基因簇的转录被迅速诱导，从而降低丙酸盐及其代谢物的毒性[56]。然而对谷氨酸棒状杆菌的转录调控分析表明，PrpR 与大肠杆菌没有明显的同源性[79]。相反，发现谷氨酸棒状杆菌的 ΔprpR 突变体在丙酸盐存在下无法诱导 prpDBC2 基因的表达[80]。在结核分枝杆菌中，PrpR 是 prpDC 和 icll 基因的转录激活剂（icll 编码异柠檬酸裂解酶-参与乙醛酸分流的酶之一）。且 ramB 受到 PrpR 的负调控，说明 PrpR 在协调参与乙醛酸循环和 2-甲基柠檬酸循环途径的酶的表达中起着关键作用[81]。PrpR 还可以调节 Mtb-dnaA 的表达，这表明它也可能参与控制染色体 DNA 复制的启动。因此，PrpR 似乎是巨噬细胞内 Mtb 持续存在的复杂调节系统的一个重要组成部分，控制着宿主来源的脂肪酸的分解代谢和染色体复制的启动[82]。有研究表明大肠杆菌 CRP 或腺苷酸环化酶活性缺陷后(crp 或 cyad 的突变体)表现出 prpR 和 prpBCDE 的转录激活减少，对 prpBCDE 的影响不依赖于 prpR。说明丙酸代谢受到分解代谢抑制，这可能是通过 prpR 和 prpBCDE 操纵子的 CRP 依赖性控制介导[83]。

1.9　细菌 GntR 家族调控蛋白的功能

GntR 转录因子的发现导致越来越多的结合位点被识别和表征。而且大多数研究已经证明了 GntR 调节因子是负调节，但 GntR 家族蛋白也可以作为激活蛋白。在大肠杆菌中，已知 FadR 调控蛋白调节 12 个基因或操纵子，抑制编码脂肪酸分解代谢酶的基因包括 fadL、fadD、fadE、fadBA 和 fadH，并激活合成代谢脂肪酸途径的基因[84]。从生理学的角度看，这种代谢反应调节因子通过与脂质中间产物的结合，以正调控或负调控维持脂质代谢的平衡[85]。来自金黄色葡萄球菌的 NorG 似乎是参与细胞壁自溶的 ABC 样转运子的阻遏物和药物外排泵蛋白的直接激活剂[86]。在肠球菌中的柠檬酸盐调节蛋白 CitO[87]、沙雷菌中的抗生素生物合成[88]、红杆菌中的牛磺酸合成[89] 中已观察到 GntR 调控蛋白的转录激活功能。激活、抑制功能在该家族中是否广泛存在尚不清楚。然而，它确实表明了这种代谢物响应调节器的灵活性，这为进一步的研究奠定了基础。

1.10　细菌 GntR 家族转录调控蛋白参与细菌毒力

GntR 家族调控因子的严格调控和对环境的高度响应使得表达系统能够快速应对变化条件，无论这些条件是环境的内在变化还是添加了诱导分子[62]。大量与代谢相关的 GntR 转录调控因子已经被鉴定出来，而且这些转录因子参与调控细菌的毒力，这些转录因子很可能通过感应特定的代谢物来响应宿主，从而调节毒力。最近的研究表明，结核分枝杆菌的 mce 基因受 GntR 转录因子 mce1R 调节，Mce1R 是负调节的，当其敲除后在小鼠模型中的生存受到抑制[90]。在苏云金芽孢杆菌中，中间代谢物 2-甲基柠檬酸的积累能显著延迟孢子形成[58]。副溶血弧菌 GntR 家族转录因子（VPA1701）通过抑制 calR 基因的表达，从而增加细菌的运动能力[91]。DevA 是天蓝色链霉菌正常生长发育所需的 GntR 家族的转录抑制因子[76]。NorG 是 GntR 家族转录调节因子的成员，它与编码多药外排泵 NorA、NorB、NorC 和 AbcA 基因的启动子特异性结合，norG 的过度表达导致 norB 转录增加三倍，喹诺酮类药物耐药性水平增加四倍。与之相反的是 norG 的敲除不会导致 norA、norB 和 norC 转录水平的变化，但会导致 abcA 转录水平至少增加三倍，且对甲氧西林、头孢噻肟、青霉素 G 和萘西林的耐药性增加四倍[86]。在布鲁杆菌中 GntR 是一种毒力因子，gntR 突变后降低了布鲁杆菌对应激条件的存活率，GntR 参与了布鲁杆菌感染期间的细胞毒性、毒力和细胞内的存活[92]。黄单胞菌中 ytrA（GntR 家族中一个重要的亚家族）的缺失消除了细菌毒性和超敏反应的诱导，另外发现 YtrA 调节编码细菌 T3SS 系统的 hrp/hrc 基因的表达，并控制多种生物过程，包括运动和粘附、氧化应激、胞外酶产生和铁摄取[93]。

　　综上所述，GntR 家族转录调控因子可参与调控细胞的许多过程，包括参与糖运输、影响细菌的生长、绿脓菌素的生成、生物膜的形成、运动性、群体感应及利用各种碳代谢基因。这些全局转录调控因子通过调控细胞过程，进而影响病原菌的致病过程。

1.11　研究的内容和意义

　　前面已经说过，丙酸盐和丙酰辅酶 A 是细菌发酵的常见副产物，在哺乳动物的胃肠道中大量产生，但它们的积累对细胞具有毒性，2-甲基柠檬酸循环途径可有效缓解丙酸和丙酰辅酶 A 的毒性，在维持细菌内代谢平衡方面发挥重要作用，但是目前关于铜绿假单胞菌中 2-MCC 的代谢途径和其毒力尚不清楚。铜绿假单胞菌中存在许多转录调节子通过开启不同的调控系统以适应环境的变化，但是这些调控网络潜在的分子机制仍然不清楚。PmiR 是铜绿假单胞菌的转录调控因子，可通过感应细胞内关键代谢产物的浓度来调控细胞内基因的转录水平，从而形成一个复杂的调控网络。本研究以 P. aeruginosa 中 PA0797 编码的 GntR 家族调控蛋白 PmiR 为研究对象，通过构建 pmiR 突变株，深入研究 PmiR 的调控网络及作用机制。主要研究内容如下。

　　① 研究分析铜绿假单胞菌 2-甲基柠檬酸代谢途径及 prp 操纵子的表型，阐明 2-MCC 代谢及其关键基因在铜绿假单胞菌中发挥着重要作用。

② 研究分析 PmiR 在 2-MCC 中的调控作用，揭示转录调控因子 PmiR 在 2-MCC 代谢中的作用机制，并初步确定 PmiR 感应的信号分子。

③ 研究分析 PmiR 在群体感应系统(QS)中的调控作用，阐明 PmiR 通过抑制 pqs 系统进而影响细菌毒力。

④ 研究分析 PmiR 和配体 2-甲基异柠檬酸复合物的晶体结构，并解析其关键位点。

⑤ 研究分析在小鼠急性肺炎感染模型中 PmiR 对小鼠的致病性，阐明 PmiR 通过调控 PQS 系统进而抑制铜绿假单胞菌的毒力。

总之，本研究以铜绿假单胞菌中 GntR 家族调控蛋白 PmiR 作为研究对象，通过敲除 pmiR 基因后研究其表型变化，并深入探讨其表型改变的分子机制，阐明 PmiR 调节相关代谢和毒力的作用机制，寻找 PmiR 潜在的配体或效应分子，解析 PmiR 与配体复合物的晶体结构，最后通过动物实验揭示 PmiR 在体内的发病机制。PmiR 晶体复合物结构的解析将为 GntR 家族其他转录调控蛋白晶体解析及其配体筛选提供参考；同时 PmiR 作为一种重要的代谢传感器使铜绿假单胞菌能够感知环境信号进而调整其代谢状态，并协调控制铜绿假单胞菌的毒力的关键科学问题的解析，将为铜绿假单胞菌的防治及其细菌耐药性的应对方案提供更多的研究思路及理论依据。

第2章　铜绿假单胞菌转录调控因子 PmiR 的调控网络

　　铜绿假单胞菌铜已被世界卫生组织认定为引起医疗感染的巨大威胁,可导致医院感染,而且严重威胁囊性纤维化患者。这种病原体重要的遗传适应性是其表型适应性及其快速获得多种抗生素抗性的机制[94],可引起肺炎、尿路感染和免疫功能低下的个体的急性和慢性感染[88]。目前,细菌耐药性越来越强,为了适应恶劣的环境,细菌进化出许多机制。细菌通过转录调控,主要是由 DNA 结合转录调节因子介导的差异基因表达来适应环境,这是细菌适应外界环境的主要机制之一。GntR 转录调控家族可参与调控细菌的许多细胞过程,如细菌糖运输、耐药性、运动性、环境适应性和细菌的致病性[89-92],由此推测铜绿假单胞菌中 GntR 家族调控蛋白也可能参与了铜绿假单胞菌对宿主毒力的影响。为了验证这一推论,实验前期构建了 43 个 GntR 家族转录调节因子的突变体,并检测了每个突变体的绿脓菌素水平。发现与野生型菌株 PAO1 相比,敲除 PA0797(pqs regulation and 2-methylisocitrate receptor, pmiR)后绿脓菌素水平显著增加。为了全面分析 pmiR 基因,研究 pmiR 基因缺失后表型改变的分子机制,本章主要研究 PmiR 的调控机制,构建 PmiR 的调控网络,揭示 PmiR 调控机制。

　　高通量 DNA 测序技术的进步使得对细菌病原体进行"病原学"研究成为可能。这意味着全基因组测序可用于了解病原体的多样性、适应和传播以及疾病状态中涉及的宿主与微生物的相互作用。转录组学是分析细菌对各种环境(包括人类宿主)适应性有价值的工具,近年来已经广泛应用于微生物各领域,它可同时读取数百万 DNA 分子,成本低廉,高通量,且能对一个物种的转录组进行定量分析。对铜绿假单胞菌基因组和转录组的分析表明,该细菌拥有并表达一些核心基因,包括毒力因子,这些基因使其能够在各种恶劣的环境中繁殖生长。以前被认为控制单一毒力性状的转录调控因子现在被证明可以调控复杂的信号网络。基于 DNA 微阵列的转录组学研究可以发现这些通路的上游和下游成分，并可探索对抗生素、环境压力和其他细菌的反应，还能定量分析基因的表达水平，所以是目前微生物研究的有力工具。本研究采用蔗糖致死筛选法（ *sacB* 法）对 GntR 家族基因 *pmiR* 进行基因敲除，通过 Illumina HiSeq X Ten 高通量测序比较分析铜绿假单胞菌野生型菌株 PAO1 和突变株 Δ*pmiR* 的基因差异表达谱，明确转录调控因子 PmiR 在铜绿假单胞菌中的调控网络。

2.1　实验材料

2.1.1　培养基的配制

（1）LB 培养基的配制

LB 培养基的配制原料及参数如表 2-1 所示。

表 2-1　LB 培养基配制原料及参数

原料	质量分数
胰蛋白胨	1%
酵母提取物	0.5%
NaCl	1%

（2）SOC 培养基的配制

SOC 培养基的配制原料及参数如表 2-2 所示。

表 2-2　SOC 培养基配制原料及参数

原料	质量分数	摩尔浓度
胰蛋白胨	2%	—
酵母提取物	0.5%	—
NaCl	—	10 mmol/L
KCl	—	2.5 mmol/L
$MgCl_2$	—	10 mmol/L
$MgSO_4$	—	20 mmol/L

(3)PIA 培养基的配制

PIA 培养基的配制原料及参数如表 2-3 所示。

表 2-3 PIA 培养基配制原料及参数

原料	质量分数
胰蛋白胨	4.44%
蔗糖	10%
甘油(4 mL)	50%
121 ℃灭菌 20 min，冷却至室温，加入 20%葡萄糖	

(4)Swimming 培养基的配制

Swimming 培养基的配制原料及参数如表 2-4 所示。

表 2-4 Swimming 培养基配制原料及参数

原料	质量分数
胰蛋白胨	1%
NaCl	0.5%
琼脂(USP)	0.3%

(5)Twitching 培养基的配制

Twitching 培养基的配制原料及参数如表 2-5 所示。

表 2-5 Twitching 培养基配制原料及参数

原料	质量分数
胰蛋白胨	1%
酶母提取物	0.5%
NaCl	1%
琼脂(USP)	1.2%

(6)Swarming 培养基的配制

Swarming 培养基的配制原料及参数如表 2-6 所示。

表 2-6 **Swarming 培养基配制原料及参数**

原料	质量分数
营养肉汤	0.8%
葡萄糖	0.5%
琼脂(USP)	0.5%
115 ℃灭菌 20 min	

2.1.2 菌株和质粒

本章用到的菌株和质粒见附录 B。

2.1.3 试剂

质粒微量抽提试剂盒(百奥莱博公司);DNA 纯化回收试剂盒(TIANGEN 公司);总 RNA 提取试剂盒(Invitrogen),抗生素:羧苄青霉素(Cb,Biotech)、氨甲氧嘧啶(Tmp)购自 Amresco 公司。无水乙醇(上海麦克林生化公司);浓盐酸、氯仿(上海铭益处化工有限公司);DNase I(TaKara);PCR 试剂,如 Taq 酶、dNTP 等均购自 ABclone 公司。

LB 培养基(酵母提取物、胰蛋白胨购自 Macklin 公司,NaCl 购自上海麦克林生化);假单胞分离琼脂、营养肉汤购自 Beijing Land Bridge 公司;运动琼脂粉、琼脂糖购自西安 Tsingke 公司;琼脂粉购自北京鼎国昌盛生物公司。

2.1.4 实验仪器

PCR 仪、小型恒温离心机均购自杭州博日科技公司;NanoDrop2000 购自 Thermo 公司;电泳仪购自 Bio-RAD 公司;凝胶成像系统购自上海培清科技有限公司;恒温培养摇床购自杭州勒丰科技公司;立式高压蒸汽灭菌器购自山东博科生物技术公司;超低温冰箱购自 Thermo 公司;超净工作台、摇床、制冰机、恒温培养箱等仪器均为国产仪器。

2.2 实验方法

2.2.1 质粒 DNA 抽提方法

参照 Bioflux 质粒小量提取试剂盒说明操作。

① 将所用菌株接种至含有相应抗生素的 LB 培养基中,37 ℃过夜培养。

② 以 8 000 r/min 离心 2 min，收集上述菌体。

③ 加入 250 μL 重悬缓冲液，使菌体完全悬浮。

④ 加入 250 μL 裂解液，上下颠倒 7~8 次，充分裂解细胞。

⑤ 加入 350 μL 中和缓冲液，充分混匀液体，此步骤应出现絮状物。

⑥ 13 000 r/min 离心 12 min 后，将上清移至新吸附柱中，6 000 r/min 离心 2 min，弃去废液。

⑦ 加入漂洗液，12 000 r/min 离心 1 min，弃去液体。重复此步骤一次。

⑧ 12 000 r/min 离心 2 min 后，将吸附柱转移至无菌 EP 管上，同时将 ddH₂O 与其一起置于 60 ℃ 干燥箱放置 8 min，适量的 ddH₂O 滴入吸附柱膜中间，12 000 r/min 离心 2 min，即可得到质粒 DNA，-20 ℃ 保存备用。

2.2.2 细菌基因组 DNA 的提取

① 挑取试验菌株单克隆接种至 5 mL LB 中过夜培养，收集菌液 10 000 r/min 离心 1 min，弃上清。

② 加 200 μL 裂解缓冲液重悬，吹吸混匀，10 000 r/min 离心 30 s。

③ 加入 30 μL 蛋白酶 K，60 ℃ 水浴 1 h。

④ 加入 100 μL 异丙醇，涡旋混匀。

⑤ 将上述液体移至吸附柱中，13 000 r/min 离心 1 min，倒掉废液。

⑥ 加入 500 μL 去除液，12 000 r/min 离心 1 min，弃废液。

⑦ 加入 700 μL 漂洗液，12 000 r/min 离心 30 s，弃废液，重复一次。

⑧ 12 000 r/min 再次空甩 2 min 后，将吸附柱移至无菌 EP 管上，65 ℃ 放置 10 min，将适量预热的 ddH₂O 加至膜中间，最后 12 000 r/min 离心 2 min，即可得到 DNA，-20 ℃ 保存备用。

2.2.3 PCR 扩增反应

以 PAO1 基因组 DNA 为模板，引物见附录 C，加入其他相应的扩增体系，混匀简短离心后置于 PCR 仪器中进行 PCR 扩增。

PCR 反应体系(50 μL)配制原料及参数如表 2-7 所示。

表 2-7　PCR 反应体系配制原料及参数

组分	体积
引物 1(10 μmol/L)	2 μL
引物 2(10 μmol/L)	2 μL
DNA	1 μL
金牌 Mix(green)	45 μL

扩增程序:

30 个循环
{
98 ℃预变性 2 min
98 ℃变性 10 s
56 ℃(温度随基因片断大小而变化)退火，1 kb/10 s
72 ℃延伸 5 min
72 ℃ 10 min
16 ℃保温
}

2.2.4　DNA 琼脂糖凝胶电泳回收

① 将 DNA 片段经琼脂糖凝胶进行电泳，当溴酚蓝迁移至足够距离时，在紫外灯下切取目的片段。

② 将回收胶块置于新的灭菌的 1.5 mL 离心管中，加入适量 PC 缓冲液，65 ℃金属浴 10 min，使胶块完全融化。

③ 然后加入适量平衡液进行柱平衡，12 000 r/min 离心 1 min，弃去废液。

④ 将冷却的胶块移至吸附柱中，12 000 r/min 离心 1 min，弃废液。

⑤ 加入 650 μL 漂洗液，12 000 r/min 离心 30 s，重复一次。

⑥ 然后 12 000 r/min 空甩 2 min 后，将吸附柱移至无菌的 EP 管上，65 ℃ 8 min，将适量预热的 ddH$_2$O 向膜中间位置滴加，12 000 r/min 离心 2 min，-20 ℃保存备用。

2.2.5　酶切连接反应

DNA 片段或质粒选择相应的限制性内切酶和相应的缓冲液，按照表 2-8 中体系进行双酶切反应。

表 2-8　反应 1

组分	体积/μL
酶 1	1
酶 2	1
DNA	25
10×缓冲液	5
ddH₂O	加至 50

双酶切片段回收后，参照表 2-9 中体系进行连接反应。

表 2-9　反应 2

组分	体积/μL
质粒载体	2
DNA	6.5
T4 DNA 连接酶	0.5
10×缓冲液	1

2.2.6　大肠杆菌感受态细胞热激转化

将 2~3 μL 质粒加入 25 μL 感受态细胞中，冰浴 30 min 后，立即 42 ℃热激 1 min，再冰浴 2 min，加入 500 μL SOC 培养基，37 ℃、200 r/min 摇菌 1 h，然后 5 000 r/min 离心 2 min，留取 80 μL 上清液，轻柔吹吸，吸取适量菌液涂布于相应平板上。

2.2.7　铜绿假单胞菌感受态细胞的制备及电穿孔转化

① 将铜绿假单胞菌接种至 LB 培养基中，37 ℃培养。

② 将上述培养物 8 000 r/min 离心 5 min，收集细胞。

③ 用 0.3 mol/L 的蔗糖重悬菌体，吹吸混匀，10 000 r/min 离心 3 min。

④ 重复上述步骤 2~3 次。

⑤ 取适量 0.3 mol/L 蔗糖溶液悬浮菌体即可得到铜绿假单胞菌的感受态细胞。

⑥ 取 70~80 μL 上述感受态细胞，加入适量质粒，轻柔混匀，置于冰上。

⑦ 吸取上述混合物至电转化杯中，不要产生气泡，电击条件如下：1 350 V，25 μF，3~5 ms。

⑧ 电击后将 400 μL 新鲜无菌 SOC 培养基用移液器加到电转化杯中，吸出混合液体，37 ℃培养约 1.2 h，取 80 μL 转化菌液涂布于抗性筛选板上，37 ℃培养 12~16 h 后观察结果。

2.2.8 转录调控因子 PmiR 敲除菌株的构建

本实验利用基因同源重组原理进行基因敲除。实验中选用的是含有蔗糖致死基因 sacB 的 pEX18Ap 质粒，将目的基因片段两侧的 DNA 序列克隆到 pEX18Ap 质粒上，将新构建的质粒转入目标菌株，通过双交换把目的基因序列转移到质粒上，独立存在的质粒会在细菌分裂的时候丢失，这样就获得了敲除目标片段的菌株，而 sacB 基因是蔗糖敏感基因，会在蔗糖板上抑制细菌生长，用不含抗性的蔗糖板筛选不含质粒的菌株，再通过 PCR 等方法从中筛选出敲除目的片段的菌株。具体步骤如下。

① 将待敲除菌株基因的上下游分别向外扩大 1 500 bp，然后分别设计引物：pEX-pmiR-up-F、pEX-pmiR-up-R 和 pEX-pmiR-down-F、pEX-pmiR-down-R，将合适的限制性酶切位点添加在引物上，然后加上相应的 PCR 反应体系进行 PCR 扩增，最后将 PCR 产物通过核酸凝胶电泳以确认片段的大小是否正确。

② DNA 纯化试剂盒进行胶回收，加入相应的限制酶进行酶切，再次进行酶切液回收，得到 pmiR-up 和 pmiR-down 片段，将上述两片段和拥有相同酶切位点的 pEX18Ap 质粒按照一定摩尔比混合，同时添加 T4 DNA 连接酶及缓冲液进行连接，16 ℃连接 8 h 以上或 23 ℃连接 4~6 h。

③ 65 ℃终止连接后，将其转移至适量 DH5α 感受态细胞中进行热激转化，复苏后将产物涂布到含相应抗生素和 X-gal 的平板上培养，挑选白色的单克隆进行菌落 PCR 验证，正确的菌株培养后提取其质粒并进行酶切验证，酶切正确的质粒 pEX18Ap-pmiR 将用于后续实验，酶切验证正确的菌株接种于 20% 的牛奶中-80 ℃保存菌种。

④ 用 0.3 mol/L 的蔗糖溶液制备 PAO1 的感受态细胞，通过电转化的方法将 pEX18Ap-pmiR 质粒电转入 PAO1 中，复苏 1.5 h 后涂布于含 300 μg/mL 羧苄青霉素的 LB 平板上培养。

⑤ 挑取单克隆再次划线接种于平板上培养，然后将单克隆划线于含 12% 蔗糖的 PIA 固体平板上。

⑥ 分别取目的基因上下游各 350 bp 设计外验引物 pEX-*pmiR*-test350-F/R，进行 PCR 验证，如果 *pmiR* 基因被敲除，则 PCR 产物的片段长度为 700 bp。选择 *pmiR* 被敲除的单克隆继续划线于含 15% 蔗糖的 PIA 平板上进行二次筛选，将 PCR 验证正确的敲除菌株接种于 20% 的牛奶中 −80 ℃ 保存菌种，这时敲除菌株被命名为 Δ*pmiR*。

其他菌株的敲除参照上述步骤进行。

2.2.9　基因互补菌株的构建

采用基因互补试验验证突变基因或敲除基因的功能。本研究采用 mini-CTX-lacZ 整合质粒以及 pAK1900 过表达质粒对突变菌株进行回补。mini-CTX-lacZ 回补载体构建方法如下。

① 利用 Snapgene 软件设计目的基因的上下游引物，该序列包含基因的完整编码框和自身的启动子，以 PAO1 全基因组为模板，进行 PCR 扩增。

② PCR 产物进行胶回收后双酶切，然后利用 T4 DNA 连接酶将目的片段与质粒 mini-CTX-lacZ 进行连接，65 ℃ 终止连接后，吸取连接混合液至适量大肠杆菌 DH5α 感受态细胞中进行热激转化，转化复苏后涂布于 Tc 浓度为 10 µg/mL 的固体板上，37 ℃ 培养后挑取单克隆，PCR 验证是否正确，正确的菌株扩大培养后提取质粒进行酶切验证，最后通过测序确定其碱基是否发生变化，得到正确的互补载体。

③ 将上述正确的质粒载体通过电转化的方式电转至相应的突变菌株中，涂布于含 Tc 浓度为 100 µg/mL 的 LB 固体板上，长出单克隆菌落后挑取单克隆再次划线于 Tc 浓度为 100 µg/mL 的 LB 固体板上，以确保重组质粒整合至细菌染色体上。

pAK1900 过表达回补载体构建方法如下。

① 与 mini-CTX-lacZ 回补载体构建方法类似，利用 Snapgene 软件设计目的基因上下游引物，该序列包含目的基因的完整编码框和自身的启动子，然后进行 PCR 扩增。

② 将上述 PCR 产物进行胶回收后双酶切，然后将目的片段与 pAK1900 质粒进行加入连接酶进行连接，终止连接后进行连接反应，转化复苏后涂布于含 Cb 的 LB 固体板上，PCR 和酶切验证后，测序确定其碱基是否发生变化，得到正确的互补载体。

③ 将上述正确的质粒载体电转至相应的突变菌株中，涂布于 Cb 浓度为

300 μg/mL 的 LB 固体板上，得到回补菌株。

2.2.10　绿脓菌素的测定

① 将待测菌株（PAO1、ΔpmiR 及其回补菌株 ΔpmiR/p-pmiR）37 ℃过夜培养后，转接至液体培养基中培养 16 h 以上。

② 将上述菌液离心，吸取 1 mL 上清液，上清液中加入 0.8 mL 氯仿抽提，充分混合后，10 000 r/min 离心 10 min，吸取氯仿层转入新的离心管中。

③ 加入 1 mL 0.2 mol/L 的盐酸，充分混合萃取，9 000 r/min 离心12 min，吸取上层无机相，在 520 nm 波长下测定其吸光值，再乘以 17.072，则为 1 mL 上清液中绿脓菌素的含量（μg/mL）[95]。

2.2.11　铜绿假单胞菌运动能力的检测

配方见 2.1.1，提前一天配制培养基高压灭菌后，倒平板静置于桌面，次日使用。

① 将待测菌株（PAO1、ΔpmiR 及其回补菌株 ΔpmiR/p-pmiR）过夜培养后以 1∶50 的比例转接于 LB 中（注意是否添加相应抗生素），37 ℃、200 r/min 振荡培养至 $OD_{600}=3.5$。

② 对于泳动（swimming）和丛动（swarming）培养基，吸取 2 μL 菌液悬空垂直滴加至培养基表面；对于蹭动（twithing）培养基，先用大量程无菌枪头在培养基中央垂直扎一个孔，再吸取 2 μL 待测菌液加至小孔内。

③ 将上述培养基静置于桌面 7 h 后，将泳动培养基平移入 30 ℃培养箱，将丛动和蹭动培养基平移入 37 ℃培养箱，正置套袋过夜培养，观察细菌运动情况并用凝胶成像系统拍照。对于蹭动培养基，先把培养基去除，0.1%的结晶紫染色 25 min，吸出染液，用自来水轻柔洗去染液，干燥后拍照。

2.2.12　转录组分析

挑取 PAO1 和 ΔpmiR 菌株的单克隆至 LB 培养基中过夜培养，然后以 1∶50比例转接，37 ℃摇菌至 $OD_{600}=0.6$，收集菌体。提取总 RNA，使用 DNase I 去除基因组 DNA，并使用 NanoDrop 2000 进行核酸定量。高质量的 RNA 样品（$OD_{260/280}=1.8\sim2.0$）送至上海美吉生物有限公司进行高通量测序分析。

2.2.13　RNA 提取和实时荧光定量 PCR 验证

以 PAO1 和 ΔprpC 菌株为例。

① 将待测菌株过夜培养后按一定比例转接，37 ℃培养至 OD_{600} = 1.0，取 1 mL 菌液 8 000 r/min 离心 3 min 弃上清，在菌体沉淀中加入浓度为 50 mg/mL 的 50 μL 溶菌酶，37 ℃孵育 20 min。

② 向上述消化后的混合液中添加 500 μL 的 RTL 裂解缓冲液，室温静置 5 min，使其充分裂解。

③ 12 000 r/min 离心 2 min，取 600 μL 上清液转移至新的离心管中，加入等体积的 RNA 结合液，吹吸混匀，移液器吸取 700 μL 混合液转移至吸附柱中，12 000 r/min 离心 1 min，弃去液体。

④ 加入 500 μL RW2 缓冲液，12 000 r/min 离心 30 s，弃去废液，重复一次。

⑤ 再次将吸附柱 12 000 r/min 离心 2 min 空甩后，转移至新的无菌 EP 管上，65 ℃放置 8 min，将 30 μL RNA 无酶水滴加至吸附柱膜中间，12 000 r/min 离心 2 min，NanoDrop 测 RNA 浓度后置于冰上待用。

⑥ 取 4 ng 的 RNA 加入 2 μL 的 DNase I 和 1.5 μL 的 DNase I 反应缓冲液，最后加 RNA 无酶水使总体积达 15 μL，轻轻混匀并离心，置于 PCR 仪中 37 ℃反应 30 min，目的是使 DNaseI 水解单链或双链的 DNA，以去除 DNA。反应完毕加入 0.5 μL EDTA（浓度为 200 mmol/L）终止反应，将上述反应体系置于 65 ℃作用 10 min，使 DNase I 失活。

⑦ 取上述体系 6 μL 作为模板，加入 4 μL 的 5×All In One RT MasterMix，加 RNA 无酶水使总体积达 15 μL，将 RNA 反转录为 cDNA，反转录条件为：25 ℃，10 min；42 ℃，50 min；85 ℃，5 min；4 ℃，10 min。

⑧ 将上述 cDNA 稀释四倍作为模板，同时加入上下游引物各 1.6 μL，5 μL 的 2×qPCR MasterMix，加 RNA 无酶水使总体积达 15 μL，每组样品重复三次，同时以 30 s 核糖体基因 rpsL 作为内参，在实时荧光定量 PCR 仪上检测目的基因的转录情况。

2.3　实验结果

2.3.1　PmiR 参与铜绿假单胞菌绿脓菌素的产生

绿脓菌素是铜绿假单胞菌的一种氧化还原活性次级代谢产物，90% ~ 95% 的铜绿假单胞菌分离株能产生绿脓菌素，而囊性纤维化患者的痰中存在高浓度的绿脓菌素表明，绿脓菌素以多种方式参与了铜绿假单胞菌在呼吸道中的病理生理反应[26]。在 LB 培养基中培养 24 h 后，分别提取铜绿假单胞菌野生型菌株 PAO1、敲除菌株 ΔpmiR 及其回补菌株 ΔpmiR/p-pmiR 上清液中的绿脓菌素，并定量检测其产量，结果如图 2-1(a)所示。相对于 PAO1 菌株，突变体 ΔpmiR 的绿脓菌素产量明显增加，而且 ΔpmiR 回补菌株的绿脓菌素水平和野生型菌株的基本一致，说明 pmiR 基因抑制了绿脓菌素的产生。

2.3.2　PmiR 参与铜绿假单胞菌运动能力

菌毛和鞭毛是铜绿假单胞菌重要的毒力因子之一，菌毛和鞭毛运动能力缺陷的菌株对宿主细胞的黏附力降低，进而导致致病力减弱。将 2 μL 过夜培养菌液点在培养基表面，将丛动培养基平板置于 37 ℃、泳动培养基平板置于 30 ℃温箱孵育，16 h 后观察拍照。分别检测了铜绿假单胞菌野生型菌株 PAO1、敲除菌株 ΔpmiR 及其回补菌株 ΔpmiR/p-pmiR 的丛动、泳动和蹭动能力，结果如图 2-1(b)~(d)所示。从图中可以看出突变体 ΔpmiR 的丛动和泳动能力相较于野生型菌株 PAO1 的运动能力明显增强，且其回补菌株的运动能力也能恢复至 PAO1 的水平，而蹭动能力与野生型菌株基本一致，说明 pmiR 基因抑制了丛动和泳动，与蹭动的运动能力没有关系。

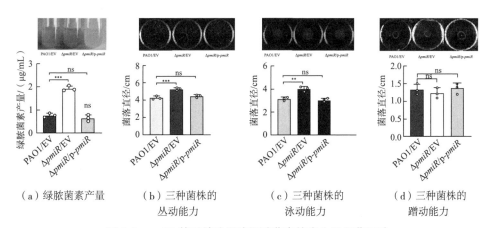

（a）绿脓菌素产量　（b）三种菌株的丛动能力　（c）三种菌株的泳动能力　（d）三种菌株的蹭动能力

图 2-1　pmiR 基因敲除影响绿脓菌素的产生及细菌运动

注：误差线表示三个独立实验的平均值±标准差。采用方差分析多重比较检验计算统计学意义，**$P<0.01$，***$P<0.001$，ns 表示没有差异。

2.3.3　PmiR 的转录组分析

为了对 PmiR 调控蛋白进行全面分析，找到引发 *pmiR* 基因缺失后表型改变的分子机制，通过转录组测序分析(RNA-seq)比较 PAO1 和 Δ*pmiR* 的基因差异表达谱(Table S3)，查看 PmiR 转录调控因子的调控网络，结果如图 2-2 所示。与对照组 PAO1 相比，*pmiR* 的缺失影响了 167 种基因的 RNA 水平(差异倍数>2 倍，$p<0.05$)，其中 139 种基因表达上调，28 种基因表达下调，结果如图 2-2(a)所示。对 167 种差异基因进行分类，发现 PmiR 主要参与了以下类型的转录调控。①代谢相关基因的转录，如 2-甲基柠檬酸循环代谢相关基因 *prpB*、*prpC*、*prpD*；氧化还原反应过程相关基因 *cyoA*、*cyoB*、*cyoC*、*cyoD* 及 *cyoE*；氮代谢相关基因 *norA*、*norB*、*norC* 等。②毒力相关基因：*PA1956*、*phzC2*、*cupA5*、*cupB2*、*cupB4* 等。③多种 ABC 转运蛋白：*PA4911*、*PA2408*、*PA4222*、*PA4223* 等。④转录调控因子：*psrA*、*PA2141*、*PA3973* 等。但是在基因差异表达谱中，大量基因是未知功能的假设蛋白(见图 2-2(b))。同时在 167 种差异表达的基因中，发现编码 2-甲基柠檬酸循环代谢的相关基因 *prpB*、*prpC*、*prpD* 在突变体 Δ*pmiR* 中的表达明显上调，差异倍数介于 20~60 倍之间。由以上结果可以看出，PmiR 参与调控了细胞的多种代谢途径，尤其是对碳代谢的调控，同时还参与了对细菌毒力的调控。

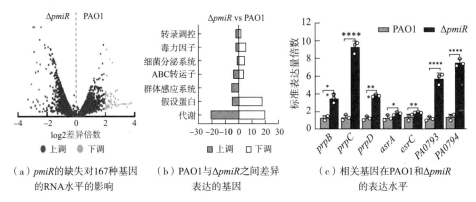

（a）*pmiR*的缺失对167种基因　　　（b）PAO1与Δ*pmiR*之间差异　　　（c）相关基因在PAO1和Δ*pmiR*
的RNA水平的影响　　　　　　　　　表达的基因　　　　　　　　　　的表达水平

图 2-2　PmiR 在转录水平上对铜绿假单胞菌基因表达的影响

注：误差线表示三个独立实验的平均值±标准差。采用方差分析多重比较检验计算统计学意义，$^*P<0.05$，$^{**}P<0.01$，$^{***}P<0.001$，$^{****}P<0.0001$。

2.3.4　RT-qPCR 验证

为了验证 RNA-seq 数据分析的可靠性，随机选择了其中 7 个相关基因，通过 RT-qPCR 来定量分析这些基因在 PAO1 和 ΔpmiR 的表达水平，结果如图 2-2(c)所示，prpB、prpC、prpD、PA0793、PA0794 基因在突变体 ΔpmiR 中的表达相对于野生型 PAO1 表达明显上调，而 asrA、esrC 基因差异不明显，RT-qPCR 结果与 RNA-seq 数据一致，这说明 PAO1 和 ΔpmiR 的转录组测序分析结果是正确的。

2.4　讨论

铜绿假单胞菌已经特征性地进化适应了囊性纤维化患者肺部的环境，可以在呼吸道上皮细胞上长期定植，原因可能是毒力因子的产生减少及高水平抗生素耐药性的演变[96]，且铜绿假单胞菌具有复杂的代谢网络和调节许多毒力因子表达的能力，使得铜绿假单胞菌可以更好地适应各种环境。但是铜绿假单胞菌如何控制协调体内代谢途径的高效运行并且应对复杂环境的胁迫少有报道。铜绿假单胞菌应对不同环境并引起多种感染的能力取决于控制基因的表达以响应环境刺激的能力，而转录调控是控制基因表达的主要机制，也是细胞应对快速变化的环境做出反应的最经济方式[97]。目前在微生物、动植物中鉴定出的GntR 家族转录调控因子是调控细胞和病原菌致病过程的主要影响因素[98-100]，所以推测 PmiR 在铜绿假单胞菌中具有重要的调控功能。

本研究采用 sacB 法成功敲除了铜绿假单胞菌基因组上的 pmiR 基因，对其进行绿脓菌素定量检测和运动能力的表型试验，发现敲除 pmiR 基因后，相对于野生型菌株 PAO1 其绿脓菌素的产量和运动能力显著增加，而其回补菌株又能恢复至野生型菌株的水平，说明 pmiR 基因抑制了绿脓菌素的产生和丛动、泳动能力，而绿脓菌素的产生和运动能力是构成铜绿假单胞菌毒力的重要因子，所以在铜绿假单胞菌的毒力方面 pmiR 发挥着重要作用。

为了更好地研究转录调控因子 pmiR 具体参与调控了哪些基因，通过转录组学分析野生型菌株 PAO1 和突变株 pmiR 的基因差异表达谱，共筛选出差异较明显的基因 167 种，其中 139 种是上调基因，28 种是下调基因，并对 167 种基因进行了功能分类，发现其中大多数基因参与了代谢，尤其是与碳代谢相关基因占据了大多数，其他一些基因还与细菌毒力、细菌分泌系统、ABC 转运等相关，为了验证 RNA-seq 数据的准确性，我们进行了 RT-qPCR 验证，结果与 RNA-seq 数据一致。进一步对 RNA-seq 结果分析发现参与 2-甲基柠檬酸循环的三个关键酶基因在 $\Delta pmiR$ 中差异倍数较大，但是目前关于铜绿假单胞菌中 2-甲基柠檬酸循环的具体代谢途径目前尚不清楚。从上述表型实验和转录组学结果分析得出，铜绿假单胞菌转录调控因子 PmiR 既参与了 2-甲基柠檬酸循环代谢，又与细菌毒力相关。接下来将进一步分析 PmiR 参与调控 2-甲基柠檬酸循环代谢和毒力因子的表达。

第 3 章　2-甲基柠檬酸循环在铜绿假单胞菌中的作用

丙酸盐是环境中含量最丰富的短链脂肪酸之一，是细菌发酵的常见副产物；此外丙酸与辅酶 A 通过硫酯键可生成重要的代谢物丙酰辅酶 A，另外胆固醇的分解代谢、奇数链脂肪酸经 β 氧化后也会生成丙酰辅酶 A[46,101]。另有研究报道肠道细菌在人类消化道中存在着高水平的丙酸，总短链脂肪酸水平可达到 20~300 mmol/L 不等，丙酸水平高达 23.1 mmol/kg[54]。为了应对如此高浓度的丙酸，细菌和其他肠道细菌（如大肠杆菌）利用 2-甲基柠檬酸循环（2-methylcitrate cycle，2-MCC）将丙酸转化为丙酮酸。对于可以利用丙酸和丙酰辅酶 A 的微生物来说，它们是一种丰富的碳源，然而高浓度的丙酸或丙酰辅酶 A 的积累，对细胞会产生致命的毒性，因此，丙酸或丙酰辅酶 A 分解代谢的有益作用与其毒性之间存在平衡。

为了避免丙酸和丙酰辅酶 A 的过度积累对细胞造成的毒害，细菌已经进化出一些策略，比如 2-MCC 可有效地将丙酸或丙酰辅酶 A 转化为无毒的丙酮酸。2-MCC 是一种广泛分布的碳代谢途径，在维持细菌丙酸和丙酰辅酶 A 的平衡方面发挥着至关重要的作用。在 2-MCC 代谢途径中丙酸首先被丙酰辅酶 A 合成酶激活为丙酰辅酶 A，然后有三种酶参与 2-MCC 代谢，将丙酸和丙酰辅酶 A 转化为无毒的其他物质，分别由 prpC、prpD 和 prpB 基因编码的这三种酶被认为是 2-MCC 的特异性酶，而这三种酶往往以操纵子的形式排列于细菌基因组中，被称为 prp 操纵子。2-MCC 循环在丙酸盐解毒中的重要性已在大肠杆菌、肠链球菌、谷氨酸链球菌、结核分枝杆菌及苏云金芽胞杆菌等其他几种细菌中得到证实[54,58,80,102]。

第二章通过转录组分析证实 PmiR 参与了 2-MCC 调控，且有三个关键的酶基因 prpB、prpC、prpD 参与了 2-MCC 代谢，但是在铜绿假单胞菌中 2-MCC 具体的代谢途径还保持未知，接下来本研究将采用高效液相色谱技术研究参与铜绿假单胞菌 2-MCC 代谢的相关基因(*prpB*、*prpC*、*prpD*)的酶催化反应是否和其他细菌的作用一样。同时为了进一步确定 *prpB*、*prpC*、*prpD* 基因在 2-MCC 的作用，敲除这些基因，以 2-MCC 代谢中的相关物质为唯一碳源进行生长实验以确定 *pmiR*、*prpB*、*prpC*、*prpD* 在 2-MCC 代谢中的作用，同时对 *prpB*、*prpC*、*prpD* 的突变株也进行绿脓菌素和运动能力检测，以阐明 *prp* 操纵子在 2-MCC 代谢途径中的作用。

3.1 实验材料

3.1.1 培养基

M9 培养基的配制原料及参数如表 3-1 所示。

表 3-1 M9 培养基的配制原料及参数

原料	质量分数	摩尔浓度
Na_2HPO_4	17.1 g/L	—
KH_2PO_4	3.0 g/L	—
NaCl	1.88 g/L	—
NH_4Cl	1 g/L	—
$CaCl_2$	—	0.1 mol/L
$MgSO_4$	—	1 mmol/L

121 ℃条件下灭菌 20 min，使用前加入 $CaCl_2$、$MgSO_4$ 和相应碳源。

3.1.2 菌株和质粒

本章用到的菌株和质粒见附录 B。

3.1.3 试剂

2-甲基柠檬酸、2-甲基异柠檬酸(MedChemExpress LLC)；琥珀酸、丙酮酸、丙酰辅酶 A、草酰乙酸(Sigma)；过硫酸铵、咪唑(天津大茂化学试剂厂)；苯甲磺酸氟(上海联迈生物有限公司)，甲醇(天津科密欧公司)，磷酸钠(上海研尊生物科技公司)。

HisTrap™HP 蛋白纯化所需试剂如下。

缓冲液 A：20 mmol/L Tris；300 mmol/L NaCl；10% 甘油；pH = 7.5

缓冲液 B：20 mmol/L Tris；300 mmol/L NaCl；10% 甘油；500 mmol/L 咪唑；pH = 7.5

缓冲液 C：20 mmol/L Tris；200 mmol/L NaCl；pH = 7.5

SDS-PAGE 蛋白凝胶(12%分离胶)所需试剂如下。

甲叉丙烯酰胺 2.25 mL；1.5 mol/L Tris-HCl（pH = 8.8）2.85 mL；10% APS 75 μL；10% SDS 75 μL；TEMED 3 μL；ddH$_2$O 3.2 mL。

SDS-PAGE 蛋白凝胶(5%浓缩胶)所需试剂如下。

甲叉丙烯酰胺 0.31 mL；1 mol/L Tris-HCl（pH = 6.8）0.32 mL；10% APS 25 μL；10% SDS 25 μL；TEMED 2.5 μL；ddH$_2$O 1.8 mL。

10×SDS-PAGE 电泳缓冲液（600 mL)所需试剂如下。

SDS 3 g；甘氨酸 56.4 g；Tris 18.12 g，使用时稀释为 1×工作浓度。

3.1.4　实验仪器

蛋白电泳系统购自北京六一公司；蛋白纯化仪（AKTA PURE）购自 GE 公司；低温超高压细胞破碎仪购自广东省谱标实验器材有限公司；台式冷冻离心机购自上海安亭科学仪器公司；高效液相色谱仪购自日本岛津公司；色谱分析柱购自瑞典 Kromasil 公司；Synergy 2 多功能酶标仪购自 BioTek 公司。

3.2　实验方法

3.2.1　大肠杆菌表达载体的构建、表达和纯化

本试验使用 pET28a 蛋白表达载体表达 PrpB、PrpC、PrpD 蛋白，以 PrpB 为例说明蛋白表达载体构建及纯化的具体方法。

（1）PrpB 蛋白表达载体的构建

以 prpB 完整编码框在内的基因序列设计引物 pET-prpB-F/pET-prpB-R，以 PAO1 基因组为模板，PCR 仪扩增出 prpB 基因，并与具有相同的酶切位点的 pET28a 载体连接后，热激转化至 DH5α 感受态细胞，复苏后取适量产物加有相应抗生素的固体平板上，经 PCR 验证和酶切双验证后，得到 pET28a-prpB 载体。

（2）PrpB 蛋白的少量诱导表达

将构建好的 pET28a-prpB 转入到大肠杆菌 BL21 中，挑取 2~3 个单克隆，接种至 LB 中培养，然后按 1% 的接种量转接，至 $OD_{600}=0.6~0.8$ 时取出 500 μL 的菌液作为对照，在剩余培养液中加入 0.5 mmol/L 的 IPTG，继续诱导 4~5 h，分别取诱导后和未诱导的菌液离心去上清后，在菌体沉淀中加入 25 μL 2×SDS-PAGE 上样缓冲液涡旋混均，100 ℃煮沸 10~15 min 后，在 12% SDS-PAGE 胶上进行电泳，染色液染色后用水煮沸脱色观察蛋白的表达情况，选取能诱导表达的菌株存菌并继续进行蛋白的大量表达纯化。

（3）PrpB 蛋白的大量诱导表达

将待测菌株活化后按 1% 的比例转接至 1 L 含适量卡那霉素的 LB 液体中，摇菌至 $OD_{600}=0.6~0.8$ 时加入终浓度为 0.5 mmol/L 的 IPTG，16 ℃振荡培养 20 h 以上，然后 4 ℃条件下用低温离心机收集菌体，用 40 mL 的缓冲液 A 重悬菌体，加入 400 μL 母液浓度为 1 mol/L 的 PMSF（工作浓度为 1 mmol/L）和适量溶菌酶，低温破碎上述细胞至菌液呈透明状态，然后将其于 4 ℃、8 000 r/min 离心 40 min，收集上清，用微孔滤膜过滤上清两次，将其转移至预冷的离心管中。

（4）PrpB 蛋白的纯化

首先将 HisTrap™HP 镍柱在 AKTA PURE 蛋白纯化仪上进行平衡，设置程序为：流速 3 mL/min，系统压力 0.5 MPa，柱前压力 0.5 MPa，先用 40 mL ddH₂O 冲洗，再用 40 mL 缓冲液 A 冲洗。将上步得到的上清以 0.5~1 mL/min 的流速通过镍柱，以使上清中的蛋白吸附到镍柱上，同时收集所流过的液体作为流穿液，将 HisTrap™HP 镍柱接入蛋白纯化仪，先用 80 mL 10% 缓冲液 B 洗脱以去除杂蛋白，再设置浓度为 100% 的缓冲液 B 在 3~5 min 以梯度洗脱的方式洗脱目的蛋白，根据峰图收集目的蛋白，并用 SDS-PAGE 凝胶电泳取样跑胶确认。然后将收集管中的目的蛋白用 30 KDa 的超滤管浓缩目的蛋白至 2.5 mL，用 5×HiTrap Hepari HP 脱盐柱进行脱盐处理，收集目的蛋白后加甘油至终浓度为 20%，分装后存放在 -80 ℃备用。

3.2.2　2-甲基柠檬酸合成酶活性分析

（1）反应原理

丙酰辅酶 A 和草酰乙酸作为底物，2-甲基柠檬酸合成酶（PrpC 蛋白）作为蛋白酶催化反应，产物为 2-甲基柠檬酸。

（2）样品处理

制备 10 mmol/L 丙酰辅酶 A、20 mmol/L 草酰乙酸、10 mmol/L HEPES（pH＝7.2）、50 μg PrpC 蛋白。将反应混合物丙酰辅酶 A、草酰乙酸及 PrpC 蛋白置于反应缓冲液 HEPES 中室温下过夜反应后，然后用 1 mol/L 磷酸钠缓冲液（pH＝2.9）终止反应，将上述混合物在 15 000 r/min 下离心 5 min，再用 0.22 μm 滤器过滤后待测。同时选择丙酰辅酶 A 和草酰乙酸（不加 PrpC 蛋白）作为对照进行同样处理。

（3）HPLC 测定条件

柱温：37 ℃；流速：1 mL/min；溶剂 A：20 mmol/L 磷酸钠溶液（pH＝2.9）；溶剂 B：甲醇；检测波长：220 nm；进样量：20 μL。洗脱程序：先用 ddH$_2$O 清洗系统直至基线洗平，然后用 20 mmol/L 磷酸钠缓冲液清洗直至基线洗平后，用进样针注射样品，先用溶剂 B 在 20 min 内从 0 增加到 15%，在这段时间内所有物质都被洗脱，但未反应的底物保留在柱上，用溶剂 B 继续进行梯度洗脱，从 20 min 到 25 min 线性增加到 60%，在 60% 的溶剂 B 继续保持 10 min，即从 25 min 到 35 min，然后从 35 min 到 40 min 线性减少到 0，最后在 100% 溶剂 A 下再保持 10 min，直至下次注射。同时选择草酰乙酸、2-甲基柠檬酸和丙酰辅酶 A 和草酰乙酸（不加 PrpC 蛋白）标准品作为对照进行上述同样操作。

3.2.3　2-甲基柠檬酸脱水酶活性分析

（1）反应原理

2-甲基柠檬酸作为底物，2-甲基柠檬酸脱水酶（PrpD 蛋白）作为蛋白酶催化反应，产物为 2-甲基顺乌头酸。

（2）样品处理

制备 1 mmol/L 2-甲基柠檬酸盐、20 mmol/L Tris-HCl（pH 7.5）、50 μg PrpD 蛋白。将反应混合物 2-甲基柠檬酸、50 μg PrpD 蛋白置于反应缓冲液 Tris-HCl 中室温下过夜反应，用 1 mol/L 磷酸钠缓冲液（pH 2.9）终止反应，将上述混合物在 15 000 r/min 下离心 5 min，用 0.22 μm 滤器过滤后待测。

（3）HPLC 测定条件

检测波长：240 nm，其他条件同 2-甲基柠檬酸合成酶。选择 2-甲基柠檬酸标准品作为对照进行上述同样操作。

3.2.4 2-甲基异柠檬酸裂解酶活性分析

（1）反应原理

以 2-甲基异柠檬酸（2-methylisocitrate，MIC）作为底物，2-甲基异柠檬酸裂解酶（PrpB 蛋白）作为蛋白酶催化反应，产物为琥珀酸和丙酮酸。

（2）样品处理

制备 1 mmol/L 2-甲基异柠檬酸、20 mmol/L Tris-HCl（pH 7.5）、50 μg PrpB 蛋白。将反应混合物 2-甲基异柠檬酸、50 μg PrpB 蛋白置于反应缓冲液 Tris-HCl 中室温下过夜反应，然后用 1 mol/L 磷酸钠缓冲液（pH 2.9）终止反应，将上述混合物在 15 000 r/min 下离心 5 min，用 0.22 μm 滤器过滤后待测。

（3）HPLC 测定条件

检测波长：340 nm，其他条件同 2-甲基柠檬酸合成酶。选择 2-甲基异柠檬酸、琥珀酸及丙酮酸标准品作为对照进行上述同样操作。

3.2.5 丙酸对 2-MCC 代谢的影响

丙酸可通过丙酰辅酶 A 合成酶转化为丙酰辅酶 A 进入 2-甲基柠檬酸循环。许多研究也表明，2-甲基柠檬酸循环的生理功能主要与丙酸代谢有关，为了研究铜绿假单胞菌的 2-甲基柠檬酸循环是否也能代谢丙酸，设计了以丙酸钠为唯一碳源的生长实验，确定丙酸对 2-MCC 代谢的影响，具体方法如下。

① 构建突变菌株 $\Delta prpB$、$\Delta prpC$、$\Delta prpD$ 及其回补菌株 $\Delta prpB$/p-prpB、$\Delta prpC$/p-prpC、$\Delta prpD$/p-prpD，其构建方法参见 2.2.8、2.2.9，然后将空质粒 pAK1900 电转化至 PAO1、$\Delta pmiR$、$\Delta prpB$、$\Delta prpC$、$\Delta prpD$ 中，以消除 pAK1900 质粒对生长的影响。

② 挑取 PAO1/EV、$\Delta pmiR$/EV、$\Delta prpB$/EV、$\Delta prpC$/EV、$\Delta prpD$/EV 及其相应的回补菌株单克隆至 LB 培养基中过夜摇菌，注意添加相应浓度的 Cb 抗生素。

③ 取 1 mL 菌液 6 000 r/min 离心 2 min，用 M9 培养液清洗两次，调整每个菌的 $OD_{600}=1.0$，用 M9 培养液以 1:50 的比例稀释后，转接至 20 mL 以 10 mmol/L 丙酸盐为唯一碳源的 M9 培养基中，37 ℃恒温振荡培养。

④ 观察菌体浑浊度，当用肉眼观察到菌体有点浑浊时，开始第一次测定，之后每隔 2 h 测一次，做好记录。

⑤ 将记录的数据整理做成生长曲线，每个实验进行三次重复。

3.2.6　2-甲基异柠檬酸和琥珀酸对 Δ*pmiR*、Δ*prpB* 生长的影响

为了研究 2-MCC 代谢途径中的相关物质是否参与影响了 *prp* 基因簇的生长，选取 2-甲基异柠檬酸、琥珀酸和丙酮酸作为代表，以它们为唯一碳源研究其对 PAO1、Δ*pmiR*、Δ*prpB* 菌株生长的影响，具体方法如下。

① 挑取 PAO1/EV、Δ*pmiR*/EV、Δ*prpB*/EV 及其相应的回补菌株单克隆至 LB 培养基中过夜摇菌，注意添加相应浓度的 Cb 抗生素。

② 取 1 mL 菌液 6 000 r/min 离心 2 min，用 M9 培养液清洗两次，调整每个菌的 $OD_{600}=1.0$，用 M9 培养液以 1∶50 的比例稀释，转接至含 100 μL 以 2 mmol/L 2-甲基异柠檬酸和琥珀酸和丙酮酸作为唯一碳源的 M9 培养基中，这个过程在 96 孔平板中进行，最后添加 60 μL 过滤灭菌矿物油。

③ 37 ℃恒温培养，通过 Synergy 2 酶标仪检测 OD_{600} 的生长情况。同时以 2 mmol/L 柠檬酸钠为对照组进行同样处理。每组进行三次重复。

3.2.7　绿脓菌素的测定

Δ*prpB*、Δ*prpC*、Δ*prpD* 绿脓菌素的测定方法参见 2.2.10。

3.2.8　运动能力的检测

Δ*prpB*、Δ*prpC*、Δ*prpD* 运动能力的检测参见 2.2.11。

3.3　结果

3.3.1　PrpB、PrpC、PrpD 重组蛋白在大肠杆菌中的表达纯化

将构建好的蛋白表达载体 pET28a-*prpB*、pET28a-*prpC*、pET28a-*prpD* 电转至大肠杆菌 BL21 感受态中，涂布培养后挑取单克隆于 LB 中过夜摇菌，次日转接至 LB 中，37 ℃培养至 $OD=0.6$ 时加 IPTG，16 ℃继续培养 21 h，取样用 12% SDS-PAGE 凝胶检测蛋白的诱导表达情况，结果如图 3-1 所示。

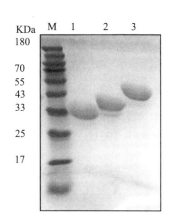

图 3-1　PrpB、PrpC 和 PrpD 蛋白的表达纯化

注：泳道 1 为 PrpB 蛋白；泳道 2 为 PrpC 蛋白；泳道 3 为 PrpD 蛋白；M 代表 Marker。

3.3.2 2-甲基柠檬酸合成酶活性分析

2-MCC 是广泛存在于细菌中的一种代谢途径，而 prpB、prpC、prpD 是2-MCC代谢中的三种关键酶基因，为了验证这三种关键酶基因是否也参与了铜绿假单胞菌中的 2-甲基柠檬酸循环，构建了这三种基因的重组蛋白载体 pET28a-prpB、pET28a-prpC、pET28a-prpD 并进行了蛋白的表达纯化，通过高效液相色谱技术检测三种酶的酶促反应。

图 3-2 是 2-甲基柠檬酸合成酶(PrpC)在 220 nm 波长下的高效液相色谱图，从图中可以看出，当草酰乙酸与丙酰辅酶 A 混合后不添加 PrpC 蛋白酶的情况下，反应不启动，没有新产物 2-甲基柠檬酸的出现(图 3-2(d))；当丙酰辅酶 A 和草酰乙酸与 PrpC 蛋白酶一起孵育后，图 3-2(a)显示在 4 min 和 6.5 min 时分别出现峰值为 1 150 mV 和 1 650 mV 的洗脱峰，对照图 3-2(b)和图 3-2(c)，4 min 时出现的新洗脱峰为 2-甲基柠檬酸；6.5 min 时出现的洗脱峰为草酰乙酸，且可以看出草酰乙酸作为反应底物之一，与丙酰辅酶 A 反应后，相对于标准品其峰值由 3 250 mV 降为 1 650 mV，草酰乙酸峰值的降低说明草酰乙酸与丙酰辅酶 A 发生了反应导致草酰乙酸的减少。以上结果充分说明草酰乙酸和丙酰辅酶 A 在不添加 PrpC 时，二者之间是没有反应的，只有在添加 PrpC 后才会启动二者之间的反应，产生新的产物 2-甲基柠檬酸。

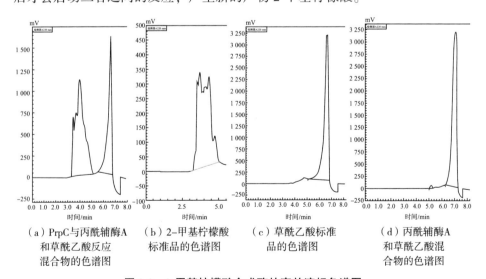

(a) PrpC与丙酰辅酶A和草酰乙酸反应混合物的色谱图　(b) 2-甲基柠檬酸标准品的色谱图　(c) 草酰乙酸标准品的色谱图　(d) 丙酰辅酶A和草酰乙酸混合物的色谱图

图 3-2　2-甲基柠檬酸合成酶的高效液相色谱图

注：所有的底物和产物均在 220 nm 波长下检测。

3.3.3　2-甲基柠檬酸脱水酶活性分析

图 3-3 是 2-甲基柠檬酸脱水酶(PrpD)在 240 nm 波长下的高效液相色谱图，从图中可以看出，当 2-甲基柠檬酸添加 PrpD 蛋白酶后，反应启动，在 4 min 时出现一个新峰，初步估计为 2-甲基顺乌头酸；2-甲基柠檬酸作为底物在 6.5 min 时出现洗脱峰，相对于标准品其峰值由 360 mV 下降为 135 mV，其峰值的降低说明添加 PrpD 蛋白酶后启动了反应，以至于新产物的产生。

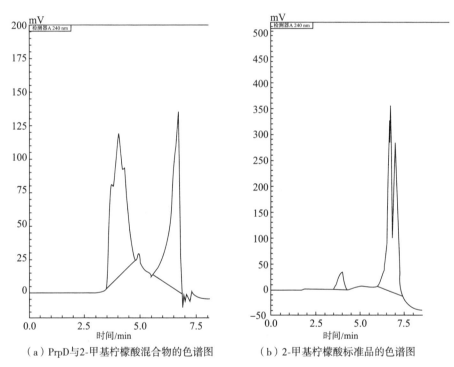

（a）PrpD与2-甲基柠檬酸混合物的色谱图　　　（b）2-甲基柠檬酸标准品的色谱图

图 3-3　2-甲基柠檬酸脱水酶的高效液相色谱图

注：所有的底物和产物均在 240 nm 波长下检测。

3.3.4　2-甲基异柠檬酸裂解酶活性分析

图 3-4 是 2-甲基柠檬酸裂解酶(PrpB)在 340 nm 波长下的高效液相色谱图，从图中可以看出，当 2-甲基异柠檬酸添加 PrpB 蛋白酶后，反应启动，分别在 2.5 min、3.5 min 和 5 min 时出现峰值，2-甲基异柠檬酸在 2.5 min 时其峰值由其标准品的 500 mV 下降为 15 mV，说明 2-甲基异柠檬酸作为底物参与了反应，并几乎被耗尽；3.5 min 和 5 min 时出现的峰是丙酮酸和琥珀酸的峰值，二者

作为新的产物的出现说明 2-甲基异柠檬酸添加 PrpB 蛋白酶后启动了反应，导致新的产物产生。

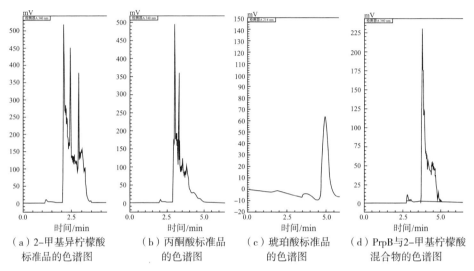

（a）2-甲基异柠檬酸　　（b）丙酮酸标准品　　（c）琥珀酸标准品　　（d）PrpB 与 2-甲基柠檬酸
标准品的色谱图　　　　的色谱图　　　　　　的色谱图　　　　　混合物的色谱图

图 3-4　2-甲基异柠檬酸裂解酶的高效液相色谱图

注：所有的底物和产物均在 340 nm 波长下检测。

3.3.5　2-甲基柠檬酸循环代谢通路

通过 HPLC 对 PrpB、PrpC 和 PrpD 三种关键酶的酶活检测及参考它们在其他细菌中的代谢通路，绘制出铜绿假单胞菌中 2-甲基柠檬酸循环的流程示意图。从图 3-5 中可以看出，2-甲基柠檬酸循环主要包括四个催化反应，首先丙酰辅酶 A 和草酰乙酸在 PrpC 酶催化作用下经羟醛缩合反应生成 2-甲基柠檬酸，2-甲基柠檬酸在 PrpD 和顺乌头酸酶的作用下生成 2-甲基异柠檬酸，最后通过 2-甲基异柠檬酸裂解酶 PrpB 经裂解反应生成琥珀酸和丙酮酸。通过以上实验证实，由 *prpB*、*prpC*、*prpD* 和 *acnB* 编码的酶共同转化草酰乙酸和丙酰辅酶 A 最后生成丙酮酸和琥珀酸，二者随后可进入三羧酸循环相关代谢途径被转化利用。

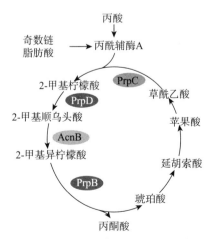

图 3-5　2-甲基柠檬酸循环反应示意图

3.3.6　丙酸盐对 2-MCC 代谢的影响

为了进一步研究 *pmiR*、*prpB*、*prpC*、*prpD* 这些基因在 2-MCC 代谢中的作用，我们以丙酸钠为唯一碳源，以柠檬酸钠为对照碳源，研究这些基因的突变株及其回补菌株相对于野生型菌株 PAO1 在 M9 培养基中的生长情况，结果如图 3-6~图 3-7 所示。从图中可以看出，在以柠檬酸钠为唯一碳源的 M9 培养基中，PAO1、Δ*pmiR*、Δ*prpB*、Δ*prpC*、Δ*prpD* 及其相应的回补菌株生长无差异，说明柠檬酸钠不影响 *pmiR*、*prpB*、*prpC*、*prpD* 的生长；但是在以丙酸钠为唯一碳源的 M9 培养基中，Δ*pmiR*、Δ*prpB*、Δ*prpC*、Δ*prpD* 突变体相对于野生型菌株 PAO1 的生长明显变慢，而它们的回补菌株的生长能回复至野生型的水平，表明缺失 *pmiR*、*prpB*、*prpC*、*prpD* 基因后铜绿假单胞菌不能将丙酸盐代谢转化，而丙酸盐的积累对铜绿假单胞菌是有毒性的，导致菌株生长缓慢，而柠檬酸不参与 2-MCC 的代谢，所以 *pmiR*、*prpB*、*prpC*、*prpD* 的生长不受其柠檬酸影响。

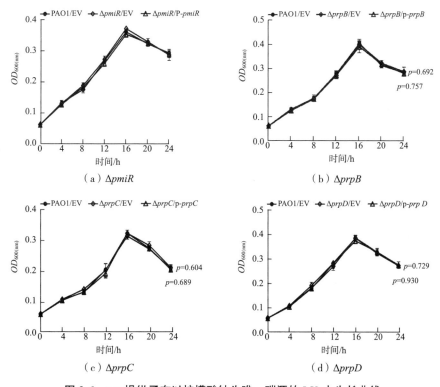

图 3-6　*prp* 操纵子在以柠檬酸钠为唯一碳源的 M9 中生长曲线

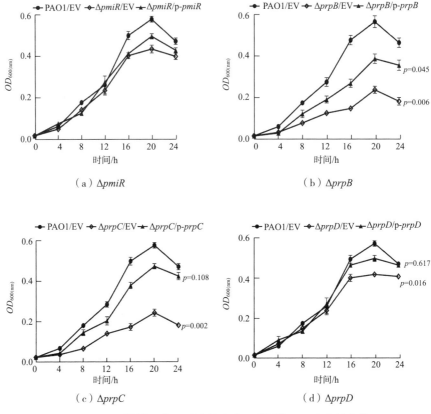

（a）Δ*pmiR*　　　　　　（b）Δ*prpB*

（c）Δ*prpC*　　　　　　（d）Δ*prpD*

图 3-7　*prp* 操纵子在以丙酸钠为唯一碳源的 M9 中生长曲线

注：EV 代表空载体。误差线表示三个独立实验的平均值±标准差。

3.3.7　2-甲基异柠檬酸、琥珀酸和丙酮酸对 *pmiR*、*prpB* 生长的影响

为进一步研究 2-MCC 代谢途径中的相关物质是否影响 *prp* 基因簇的生长，选取 2-甲基异柠檬酸、琥珀酸和丙酮酸分别作为唯一碳源，检测其对 *pmiR* 和 *prpB* 基因生长的影响，结果如图 3-8~图 3-9 所示。从图中可以看出，在以2-甲基异柠檬酸和琥珀酸为唯一碳源的培养基中，Δ*pmiR*、Δ*prpB* 突变株相对于野生型 PAO1 菌株的生长变慢，而它们的回补菌株能恢复至野生型的生长水平；而以丙酮酸为唯一碳源的培养基中 Δ*pmiR*、Δ*prpB* 突变株和野生型 PAO1 菌株的生长没有明显差异。

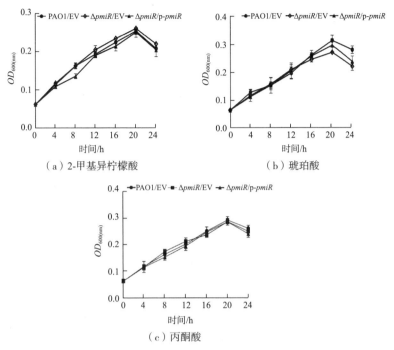

图 3-8　2-甲基异柠檬酸、琥珀酸和丙酮酸对 *pmiR* 生长的影响

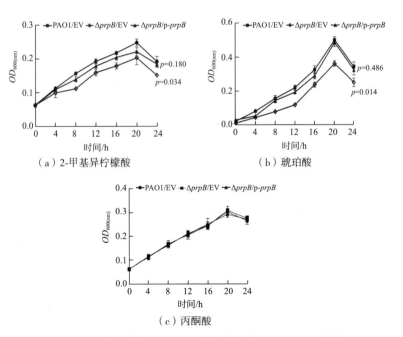

图 3-9　2-甲基异柠檬酸、琥珀酸和丙酮酸对 *prpB* 生长的影响

3.3.8 绿脓菌素的测定

prpB、*prpC*、*prpD* 基因参与了 2-MCC 代谢，那么这些基因是否也像 *pmiR* 参与了铜绿假单胞菌毒力相关的表型，为了验证这一推测，进行了绿脓菌素实验，野生型菌株 PAO1、Δ*prpB*、Δ*prpC*、Δ*prpD* 突变株及其相应的回补菌株在 LB 培养基中培养24 h 后，观察绿脓素的产生并定量检测，结果如图 3-10 所示。从图中可以看出，Δ*prpB*、Δ*prpC*、Δ*prpD* 突变株绿脓菌素的水平相对于野生型菌株 PAO1 明显增加，而它们的回补菌株的绿脓菌素水平和野生型菌株的基本一致。

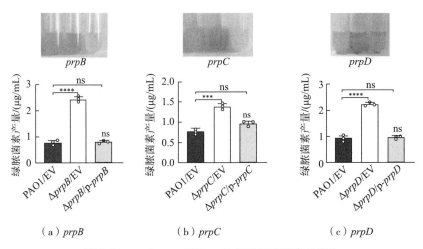

图 3-10 *prpB*、*prpC* 和 *prpD* 影响绿脓菌素的产生

注：误差线表示三个独立实验的平均值±标准差。采用方差分析多重比较检验计算统计学意义。*** $P<0.001$，**** $P<0.0001$，ns 表示没有差异，EV 代表空载体。

3.3.9 运动能力检测

进一步研究了 *prpB*、*prpC*、*prpD* 基因敲除后对铜绿假单胞菌运动能力的影响，野生型菌株 PAO1、Δ*prpB*、Δ*prpC*、Δ*prpD* 及其在相应的回补菌株影响细菌的运动。将 2 μL 待测菌液分别接种于丛动、泳动及蹭动培养基，丛动和蹭动培养基平板置于 37 ℃、泳动培养基平板置于 30 ℃培养箱温育，16 h 后观察拍照。从图 3-11 中可以看出，Δ*prpB*、Δ*prpC*、Δ*prpD* 突变株丛动和泳动的运动能力相对于野生型 PAO1 菌株明显增加，而它们的回补菌株的运动水平和野生型菌株的基本一致，但是蹭动能力与野生型菌株基本一致。

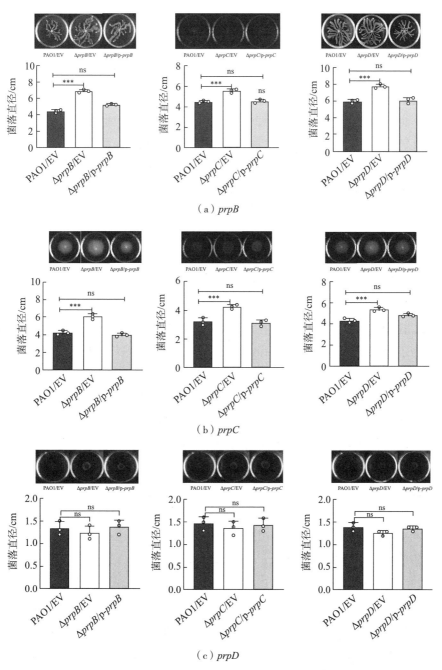

图 3-11　prpB、prpC 和 prpD 基因对铜绿假单胞菌运动的影响

注：误差线表示三个独立实验的平均值±标准差。采用方差分析多重比较检验计算
统计学意义。*** P<0.001，ns 表示没有差异，EV 代表空载体。

3.4 讨论

许多需氧菌及一些厌氧菌可以使用丙酸盐作为唯一的碳源生长，但在培养基中添加丙酸盐会阻碍大多数微生物的生长，即使在培养基中添加其他碳源的情况下也是如此[54]。基于这一特性，丙酸盐在食品、工业中被广泛用作防腐剂。支链氨基酸的分解代谢可产生丙酰辅酶 A，这些脂肪酸是土壤微生物和哺乳动物肠道共生体的丰富碳源和能量来源[103]，但丙酰辅酶 A 的积累能够抑制琥珀酰-CoA 合成酶、丙酮酸脱氢酶和柠檬酸裂解酶等多种中心代谢酶的活性，进而影响生物体的生长[104-105]，且丙酰辅酶 A 在大肠杆菌和构巢曲霉中被证实也有毒性[106-107]。为了避免丙酸盐和丙酰辅酶 A 的累积对细胞的毒性，细菌衍生出一条代谢途径 2-MCC，可将丙酸盐和丙酰辅酶 A 有效转化为丙酮酸和琥珀酸，作为延长三羧酸（TCA）循环的一部分。尽管代谢酶可为细胞的生化活动提供能量或者碳源，然而对其所在的通路和生理功能的理解尚不完整，尤其2-MCC 在铜绿假单胞菌中的作用迄今为止尚未清楚。

为了揭示 2-MCC 代谢在铜绿假单胞菌中的作用，系统分析了 PA 中 2-MCC 代谢相关基因，构建其蛋白表达载体，通过 HPLC 检测 2-MCC 中三种关键酶的活性。结果表明在含有草酰乙酸、丙酰辅酶 A 和 PrpC 的反应混合物中出现了一个新的产物峰，将产物峰与 2-甲基柠檬酸标准品比较，其出峰时间是一致的，而将草酰乙酸和丙酰辅酶 A 混合但不添加 PrpC 时没有新的产物峰出现，且与对照草酰乙酸标准品的峰值没有变化，证明在以草酰乙酸和丙酰辅酶 A 为底物的混合物中添加 PrpC 后才启动了反应，导致新产物 2-甲基柠檬酸的产生，也说明 prpC 就是 PA 中编码 2-甲基柠檬酸合成酶的基因。将 2-甲基柠檬酸和 PrpD 混合后也出现了一个新产物峰，反应底物中 2-甲基柠檬酸与其标准品峰值比较，发现峰值降低，说明添加 PrpD 后启动了反应，导致底物减少。最后将 2-甲基异柠檬酸和 PrpB 混合后出现了两个新的产物峰，对照琥珀酸和丙酮酸标准品的出峰时间和峰值，其出峰时间是一致的，且反应底物2-甲基异柠檬酸相对其标准品的峰值降低，证明添加 PrpB 后将 2-甲基异柠檬酸裂解为丙酮酸和琥珀酸。通过以上实验结果及参考其他细菌中 2-MCC 代谢，绘制了 PA 中 2-MCC 代谢通路图，证实 PA 中 2-MCC 三种关键酶的作用与其他细菌中一致。

研究表明 2-MCC 除了对丙酸盐、丙酰辅酶 A、2-甲基柠檬酸和 2-甲基异柠檬酸等独特代谢中间体进行解毒外，也有助于减弱细菌的致病性，因为 2-甲基柠檬酸循环的失活可以阻碍细菌的正常生长[108]。有研究表明在结核分枝杆菌中，*prpC* 和 *prpD* 基因的缺失使其不能在含有丙酸的培养基中繁殖[109]；在深绿木霉菌中 *prpB* 的缺失能够显著降低其在拟南芥根内的繁殖能力[110]。为了验证 PA 中 2-MCC 关键基因的缺失是否也影响了菌体的生长，对这些关键基因进行了敲除并进行了生长实验。结果表明，在以丙酸钠为唯一碳源的培养基中，*pmiR*、*prpB*、*prpC* 和 *prpD* 的缺失相对于野生型菌株 PAO1 的生长明显减缓，说明 PA 通过 2-MCC 代谢减缓丙酸盐对菌体的毒害，同时通过 2-MCC 代谢丙酸盐为菌体提供碳源和能源，还进一步确定了 2-MCC 某些中间代谢物（2-甲基异柠檬酸和琥珀酸）也参与影响了 *pmiR*、*prpB* 的生长。因 MIC 价格昂贵，商品成品少，所以目前关于 MIC 的毒性作用鲜有报道，但其与 2-甲基柠檬酸互为异构体，它们的分子结构高度相似，而 2-甲基柠檬酸的功能可以抑制三羧酸循环代谢途径中的一些关键酶，如丙酮酸脱氢酶复合物、异柠檬酸脱氢酶等的活性，也可捕获草酰乙酸进而消耗能量，最终使机体代谢发生紊乱[109]，推测 MIC 可能也具备相似的毒性。铜绿假单胞菌在多种碳源中会优先消耗琥珀酸，直至其耗尽，这一过程称为分解代谢抑制[111]，尤其囊性纤维化患者呼吸道中脂多糖会激活巨噬细胞释放琥珀酸，所以琥珀酸成为 PA 的主要碳源，而琥珀酸使得 PA 能够更好地定植于呼吸道[112]。琥珀酸是 *prpB* 的直接产物之一，敲除 *prpB* 后导致 2-MCC 产生的琥珀酸减少，同时导致 2-MCC 中间代谢物积累，而这些物质具有毒性，导致菌株生长相对于野生型减弱。丙酮酸也是 *prpB* 的产物之一，但丙酮酸并不是 PA 优先利用的碳源，且在以丙酮酸为唯一碳源的培养基中，铜绿假单胞菌的代谢活动偏向于 TCA 途径[113]，而远离 2-MCC 途径，而 *pmiR*、*prpB* 的生长与野生型菌株无明显差异，这与 Mukesh 等[55]研究一致。

　　2-MCC 中关键酶的缺失影响了铜绿假单胞菌的正常生长，为了验证其是否还参与了毒力，进行了绿脓菌素和运动实验。结果表明，缺失 *prpB*、*prpC* 和 *prpD* 后绿脓菌素的产量、泳动和丛动运动能力显著高于野生型菌株，并且其回补菌株能恢复至野生型水平，表明 *prpB*、*prpC* 和 *prpD* 也参与了 PA 的毒力，与 PA 的致病性相关。有研究表明在琥珀酸存在下，铜绿假单胞菌产生的绿脓菌素会减少[114]，但可促进泳动、丛动和蹭动三种类型的运动[115]，敲除 *prpB*、*prpC* 和 *prpD* 后，2-MCC 被阻断，琥珀酸产生减少，所以其相对于 PAO1

绿脓菌素减少，运动能力增强。

2-甲基柠檬酸循环是细菌和真菌中普遍存在的一种代谢途径，其功能不仅是作为丙酰辅酶 A 转化为丙酮酸的碳回补途径，而且在生长、毒力和丙酸盐及中间产物中的解毒作用已被证实，尤其当细菌在特定环境中生长时，如在不同宿主内生长时，还提供碳和能量来源[109,116]。丙酸是土壤中含量最丰富的短链脂肪酸之一，奇数链脂肪酸也是铜绿假单胞菌寄生环境中的常见脂肪酸，推测 2-MCC 代谢是铜绿假单胞菌在自然生态中繁殖和竞争的重要途径。2-MCC代谢是大多数细菌和真菌中丙酸盐解毒和分解代谢的主要途径，但在哺乳动物细胞是甲基丙二酰辅酶 A 途径，并不存在 2-MCC，所以可将 2-MCC 代谢途径中的关键酶作为开发新抗菌剂的潜在靶点。

第 4 章　PmiR 在 2-甲基柠檬酸循环中的调控作用

GntR 家族是原核转录因子的最大家族之一，该转录因子家族已证实其参与了许多细菌中碳水化合物的运输和代谢的调节。据报道在霍乱弧菌中，GntR 参与了代谢 Gnt6P 的 Entner-Doudoroff（ED）途径[117]。在肺炎链球菌中，GntR 家族转录因子 AgaR 已被证明是参与 N-乙酰半乳糖胺（NAGa）转运和 PTS 操纵子的转录抑制因子[118]。据报道在铜绿假单胞菌中，一种 GntR 转录因子可抑制自身的表达和 GntP 葡萄糖酸盐的表达，从而通过 ED 途径调节葡萄糖代谢[119]。本研究第二章研究内容证实 PmiR 转录调控因子可参与调控细胞内的 2-MCC 代谢、ABC 转运蛋白及毒力因子等，但 PmiR 作为转录调控因子是如何参与调控 2-MCC 及 PmiR 在其中的生理功能目前仍知之甚少，这将是本章研究的重点。

凝胶迁移电泳实验或凝胶阻滞实验（EMSA）是研究 DNA 结合蛋白和其相关的核酸（DNA 或 RNA）相互作用的常用技术，因为蛋白与 DNA 结合后相对于没结合蛋白的 DNA 在凝胶电泳迁移过程中较慢，通过观察电泳阻滞带的迁移率，既可定性也可定量分析判断蛋白和核酸间的相互作用。DNAase I 足迹法（DNAase I footprinting）是检测与特定蛋白结合的 DNA 序列特定部位的一种方法，因为 DNA 和蛋白结合后，DNA 受蛋白保护不会被 DNase 降解，利用这种方法可找出 DNA 与蛋白质结合位点的精确位置。等温滴定量热法（isothermal titration calorimetry，ITC）是检测蛋白和蛋白、蛋白质折叠、去折叠及蛋白和配体的重要工具，可通过检测蛋白与蛋白、蛋白与生物大分子相互作用时吸热或放热变化来分析两者的相互作用。

为了阐明 PmiR 如何参与调控 2-MCC，本研究采用 lux 荧光报告基因与 EMSA 实验进行体内和体外双验证以阐明 PmiR 是如何调控 2-MCC 途径中的相关基因；采用 DNA 足迹法来精准定位 PmiR 调控蛋白与靶基因的结合区域；通过 EMSA 实验寻找 PmiR 调控蛋白潜在的效应分子，并通过 ITC 实验检测 PmiR 蛋白与效应分子相互作用的亲和力，综合以上实验结果最终阐明铜绿假单胞菌转录调控因子 PmiR 在 2-MCC 中的作用机制。

4.1 实验材料

4.1.1 菌株和质粒

本章用到的菌株和质粒见附录 B。

4.1.2 试剂

（1）EMSA 结合缓冲液（1 mL）

1M HEPES（pH＝8.0）20 μL，1 mmol/L NaCl 溶液（母液浓度为 1 mol/L）100 μL，1 mol/L DTT（二硫苏糖醇）0.5 μL，80%甘油 12.5 μL，SSPDNA 鲑鱼精（母液浓度为 10 mg/mL）0.5 μL，ddH$_2$O 最后补至 1 mL。

（2）5×TBE 电泳缓冲液（100 mL）

Na$_2$EDTA·2H$_2$O 0.372 g，硼酸 2.75 g，Tris 5.4 g，使用时稀释为 0.5×工作浓度。

（3）6% EMSA 凝胶（50 mL）

2.5×TBE10 mL，40%甲叉丙烯酰胺 7.5 mL，10% APS 333.3 μL，TEMED 50 μL，超纯水 32.12 mL。

（4）Western Blot 膜转移缓冲液（600 mL）

Tris 3.48 g，甘氨酸 1.74 g，SDS 0.22 g，甲醇 120 mL。

（5）10×TBS 缓冲液（100 mL）

Tris 2.4 g，NaCl 8.8 g，浓 HCl 80 μL，ddH$_2$O 定容至 100 mL。

（6）Western Blot 封闭缓冲液（20 mL）

在 1×TBST 缓冲液中加入 1.0 g 脱脂奶粉，现配现用。

4.1.3 实验仪器

蛋白电泳系统购自北京六一公司，半干转膜仪购自 Bio-rad 公司，化学发光成像系统购自天能公司，核酸染料购自 Biotium 公司，等温滴定量热仪购自 MicroCal ITC200 GE 公司。

4.2　实验方法

4.2.1　利用 *lux* 报告基因检测基因的表达

启动子-报道子融合载体选用的是 pMS402 质粒。因 pMS402 质粒自身缺失 *luxCDABE* 荧光素酶报告基因，只有目的基因的启动子克隆到 pMS402 质粒的荧光素酶报告基因时，才启动 *luxCDE* 表达合成酶合成反应底物，最终启动 *luxAB* 基因合成荧光素酶，反应底物在荧光素酶的作用下产生可检测到的光能。发光的强弱代表启动子的活性，也反映了基因转录水平的活性。

以 prpB 基因为例讲述其检测方法，*prpB* 的启动子克隆到 pMS402 载体后质粒标记为 pKD-*prpB*。

① pKD-*prpB* 表达载体的构建。将 *prpB* 的启动子片段与具有相同酶切位点的 pMS402 载体连接，化转至 DH5α 感受态细胞，复苏后的产物涂于 100 μg/mL Kan 的 LB 固体平板上，经菌落 PCR 验证和酶切双验证后，得到载体 pKD-*prpB*。

② 将 pKD-*prpB* 质粒电转至 PAO1、突变株 Δ*pmiR* 及其回补菌株 Δ*pmiR*/p-*pmiR* 中，涂布于含浓度为 600 μg/mL 的 LB 固体板上，回补菌株涂布于 Tmp 300 μg/mL 和 Cb 150 μg/mL 的双抗 LB 固体板上 37 ℃ 培养。然后挑取单克隆至 LB 液体培养基中，每种菌株至少三个生物重复，37 ℃ 振荡过夜培养。

③ 取 10 μL 上述菌液，转接至 90 μL 加相应抗生素的 LB 的 96 孔白板上，37 ℃ 培养 2~3 h。

④ 取 5 μL 上述菌液，转接至 95 μL 的液体 LB 培养基（加相应抗生素）的 96 孔黑板上，最后再加 60 μL 石蜡油，置于多功能酶标仪中检测记录每种菌株的 CPS 和 OD_{600} 的值。

pKD-*prpC*、pKD-*prpD* 的检测参照上述步骤。

4.2.2　*prpB* 基因翻译水平的检测

选用 mini-CTX-flag 整合质粒，其质粒上带有由八个氨基酸（DYKDDDDK）组成的短肽 Flag 标签，将目的基因整合在基因组上，与目的基因连接的 Flag 融合标签通过蛋白免疫印迹实验观察目的蛋白的表达量，具体步骤如下。

① 构建 mini-CTX-*prpB*-flag 载体，引物包含了 *prpB* 启动子在内的整个编码序列（去除终止子），其余步骤同 pKD-*prpB* 载体构建方法。

② 将构建好的载体电转入 PAO1、$\Delta pmiR$ 及其回补菌株 $\Delta pmiR/p\text{-}pmiR$ 中，得到可表达融合蛋白的菌落。

③ 取单克隆接种于 LB 中过夜培养。将过夜菌按照 1∶100 比例转接至 5 mL LB，培养至 OD_{600} 约为 1.0，移液器吸取菌液各 1 mL，11 000 r/min、5 min 离心除上清后，沉淀中加入 50 μL 1×loading 后振荡悬浮菌体，将样品置于 100 ℃金属浴中 15 min。

④ 根据每种菌的 OD 值，调整其上样量，保证各样品总菌量一致。用 12%的 SDS-PAGE 凝胶，电泳条件 90 V、100 min 将蛋白分离。

⑤ 裁剪大小合适的蛋白胶、滤纸和 PVDF 膜。将 PVDF 膜先用甲醇激活 5~10 s，然后将其与蛋白胶和滤纸浸入转膜液中浸泡 5 min。

⑥ 按照正极—滤纸—PVDF 膜—胶条—滤纸—负极的顺序进行转膜，16 cm×2 cm 的胶条按照恒流 80 mA，电压 10 V、30 min 条件转膜。

⑦ 结束后封闭液封闭 1 h 以上，用相应的一抗 4 ℃条件下孵育 1 h 以上，回收一抗后，用 TBST 清洗 3×10 min，二抗继续孵育 1 h 以上，TBST 清洗 3×10 min，滴加 ECL 化学发光试剂进行显色，拍照并分析结果。

4.2.3　PmiR 蛋白的表达纯化

具体方法参见 3.2.1。

4.2.4　凝胶迁移实验(electrophpretic mobility shift assay，EMSA)

EMSA 是一种既可定性也可定量分析转录因子和 DNA 相互作用的实验技术，可确定基因与基因间是直接或间接调节关系。本研究中用 EMSA 来确定 PmiR 调节蛋白与 2-MCC 三种关键基因 $prpB$、$prpC$、$prpD$ 的调控方式。具体方法如下。

① 以 PAOl 基因组为模板，利用 PCR 扩增出 $prpB$、$prpC$、$prpD$ 启动子的 DNA 片段，经纯化回收后，测定并记录各 DNA 的浓度。

② 取上述 DNA 探针加入到 EMSA 结合缓冲液 HEPES Buffer 中，使其终浓度为 2 ng/μL，均匀混合后分装至 1.5 mL 离心管中，20 μL/管，其中第一管为 40 μL。

③ 在第一管中加入适宜浓度的 PmiR 蛋白，依次倍比稀释至其余离心管中，同时以不加 PmiR 蛋白为负对照，室温静置 20 min，使目的蛋白与核酸探针之间发生相互结合。

④ 在正式上样电泳前，可预先用 90 V 电压对凝胶进行预跑约 30 min，待反应结束后，每泳道上样 18 μL 混合体系，用 90 V 电压正式电泳 80 min。

⑤ 电泳结束后，用核酸染料染色 3~5 min，然后观察蛋白与核酸探针的结合效果。

4.2.5　绿脓菌素测定

为了进一步证明 PmiR 蛋白对 *prpB*、*prpC*、*prpD* 的调控作用，在 Δ*pmiR* 突变体的基础上构建了 Δ*pmiR*Δ*prpB*、Δ*pmiR*Δ*prpC*、Δ*pmiR*Δ*prpD* 双敲菌株，检测它们的绿脓菌素的产量，具体方法参见 2.2.10。

4.2.6　运动能力的检测

Δ*pmiR*Δ*prpB*、Δ*pmiR*Δ*prpC*、Δ*pmiR*Δ*prpD* 运动能力的检测参见 2.2.11。

4.2.7　DNA 酶 I 足迹法 (DNase I footprinting assay)

DNA 足迹法是一种可精确确定转录调控蛋白在与其相互作用的 DNA 分子上的结合区域的检测方法。其基本原理是蛋白与 DNA 片段结合后，蛋白能保护与其作用的 DNA 结合部位而不被 DNase 降解，其余的 DNA 片段经酶切后只遗留下大小不等的该 DNA 片段，在凝胶放射性自显影图上，因与蛋白质结合的部位没有放射性标记条带而可以精准定位蛋白质结合的位点。本研究用其来鉴定 PmiR 蛋白与 *prpB* 基因启动子区域的精准结合位点。具体操作如下。

① 设计 *prpB* 启动子区域 370 bp 序列的引物：*prpB*-FT-F/*prpB*-FT-R (5′端含 6-FAM 修饰)，PCR 扩增该 DNA 片段，PCR 产物经凝胶纯化试剂盒回收后，nano-Drop 2000 测其浓度。

② 取含 6-FAM 标记的 300 ng *prpB* 启动子 DNA 和 2 μmol/L PmiR 蛋白于 50 μL HEPES Buffer 中室温下孵育 15 min，同时以不加 PmiR 蛋白的上述混合物作为对照。

③ 随后向上述混合物中加入 0.05 U DNase I，25 ℃ 孵育 5 min，然后向 DNase I 消化液中加入淬灭溶液 (200 mmol/L NaCl、30 mmol/L EDTA 和 1% SDS) 终止反应。

④ 加入 200 μL 比例为 25∶24∶1 的苯酚–氯仿–异戊醇混合液，混匀萃取混合物，4 ℃ 14 000 r/min 离心 5 min，转移上清至无菌 EP 管中，并回收游离的 DNA 片段。

⑤ 将上述纯化的 DNA 样品均送公司检测，得到的峰值结果用 GeneMapper 软件分析结果。

4.2.8　等温滴定量热技术 (isothermal titration calorimetry，ITC)

等温滴定量热技术通过监测由结合成分的添加而起始的任何化学反应的热力学技术，是研究生物分子间相互作用的先进技术手段。当相互作用的两分子由自由状态转入束缚状态时，非共价键重排，从而导致吸热或放热，每滴定一滴后系统恢复平衡后再进行下一次滴定，每次滴定平衡温度偏移所需的能量最终以峰的形式表现出来，而两个分子如果有相互作用时，发生热量的变化可被 ITC 仪器读取并可以对其进行定量热力学分析，因其灵敏、快速、易用已成为研究生物分子相互作用的常用方法，本研究利用 ITC 检测 PmiR 蛋白与小分子 (如 2-甲基异柠檬酸)的亲和力。

① 清洁仪器。上样前向样品池、参比池和进样针中用超纯水清洗 3~4 次，以确保仪器清洗干净。

② 准备样品。根据之前 EMSA 实验，确定了 PmiR 蛋白与 2-甲基异柠檬酸的浓度分别为：45 μmol/L 和 1 mmol/L，将二者溶解在相同的缓冲液中。

③ 加样。吸取 300 μL PmiR 蛋白注入样品池中，把装有 60 μL 2-甲基异柠檬酸的 PCR 管放入样品试管槽，在参比池中加入 300 μL 的蛋白缓冲液作为对照。

④ 滴定反应。设置参数：25 ℃，转速：250 r/min，共滴定 20 滴，2.5 μL/滴，间隔 270 s，待基线跑平后开始滴定。

⑤ 滴定结束后，按照仪器说明清洗样品池和参比池，最后利用 Microcal Origin 软件分析所得的滴定曲线和数据。

其他生物分子如柠檬酸、异柠檬酸与 PmiR 蛋白的相互作用同上述步骤。

4.3　结果

4.3.1　利用 *lux* 报告基因检测基因的转录水平

为了研究 *pmiR* 是如何调控 2-MCC 途径中的关键基因 *prpB*、*prpC*、*prpD*，通过构建 *lux* 报告基因在体内检测 *prpB*、*prpC*、*prpD* 在 PAO1、Δ*pmiR* 及其回补菌株中的表达情况，结果如图 4-1 所示。从图中可以看出 *prpB*、*prpC*、*prpD* 在 Δ*pmiR* 的发光活性较野生型菌株 PAO1 增强，在其对应的回补菌株中它们的活性又可以恢复到野生型水平，表明 PmiR 负调控 *prpB*、*prpC*、*prpD* 基因的活性。

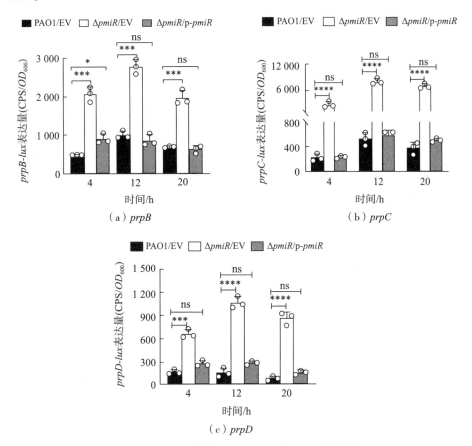

图 4-1　PmiR 调节 *prpB*、*prpC* 和 *prpD* 的表达

注：误差线表示三个独立实验的平均值±标准差。采用方差分析多重比较检验计算统计学意义。*** $P<0.001$，**** $P<0.0001$。

4.3.2　PrpB 翻译水平的检测

　　上述实验证实了 PmiR 可以直接负调控 *prpB* 基因的转录水平，进一步通过 western blot 实验检测 PrpB（PrpB-Flag）蛋白在野生型菌株 PAO1、$\Delta pmiR$ 及其回补菌株中的表达水平，结果如图 4-2 所示。从图中可以看出，PrpB 在 $\Delta pmiR$ 突变株的蛋白表达水平高于野生型菌株 PAO1，而回补菌株中 PrpB 的表达也能恢复至野生型菌株 PAO1 的表达水平，这与转录水平的结果保持一致。

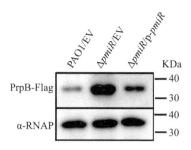

图 4-2　蛋白免疫印迹实验分析 PrpB 蛋白的表达

注：western blot 检测 PrpB-Flag 蛋白的水平。Flag 标签标记蛋白，用相应标记抗体检测。RNA 聚合酶 α(α-RNAp)抗体作为对照。EV 表示空载体。

4.3.3　PmiR 蛋白的表达纯化

将构建好的蛋白表达载体 pET28a-*pmiR* 接种于 LB 液体培养基中过夜摇菌，次日转接，培养至 OD_{600} = 0.6~0.8 时加 IPTG 诱导，16 ℃继续培养 21 h后，收集菌体进行蛋白纯化，结果如图 4-3 所示。

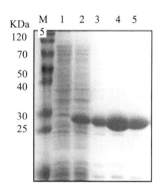

图 4-3　PmiR 蛋白的表达纯化

注：泳道 1 为未诱导的 PmiR 蛋白；泳道 2 为诱导后的 PmiR 蛋白；
泳道 3~5 为纯化后的 PmiR 蛋白；M 代表 Marker。

4.3.4　PmiR 蛋白和启动子的作用

根据上述 *lux* 报告基因发光实验证实 PmiR 蛋白负调控了 *prpB*、*prpC*、*prpD* 基因的表达，为了验证 PmiR 蛋白是直接调控还是间接调控 *prpB*、*prpC*、*prpD* 基因，通过 EMSA 实验检测 PmiR 和 *prpB*、*prpC*、*prpD* 启动子之间的相互作用，结果如图 4-4 所示。从图中可以看出转录调控蛋白 PmiR 与 *prpC*、*prpD*

启动子没有结合带，证明在体外没有直接调控作用，而与 *prpB* 启动子具有明显的阻滞条带，说明转录调控蛋白 PmiR 可以直接调控 *prpB* 基因。

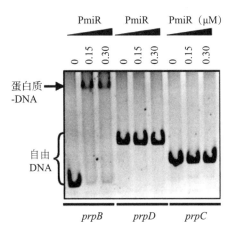

图 4-4　EMSA 检测 PmiR 和 *prp* 操纵子的作用

注：EMSA 实验显示 PmiR 蛋白与 *prpB* 的启动子有结合，但与 *prpC* 和 *prpD* 不结合。每个反应混合物中 *prpB*、*prpC* 和 *prpD* 的 PCR 产物反应浓度为 2.0 ng/μL，泳道上方为蛋白浓度。

4.3.5　PmiR 蛋白与 *prpB* 基因的结合位点

通过 EMSA 实验证实 PmiR 直接调控 *prpB* 基因的表达，为了探究 PmiR 调控蛋白与 *prpB* 基因启动子区域的具体结合位点，通过 DNA 酶 I 足迹法分析 PmiR 蛋白与 *prpB* 基因启动子的结合区域，结果如图 4-5(a)所示，从图中看出随着 PmiR 蛋白浓度的增加，*prpB* 基因启动子区域出现两个明显的相邻的结合保护区域，其结合保守基序为 **GATTGTCGACAATCAAGCGACGAATGATTGAC CCCACGCAATC**（参见图 4-5(b)），两个保护区域分别位于 Site Ⅰ：-97 至 -84 bp 和 site Ⅱ：-71 至 -55 bp，可以看到保护区相对于对照峰值有明显的降低，但是 EMSA 实验证明 PmiR 蛋白与 *prpB* 基因启动子只有一条明显的阻滞条带，为了验证这两个保守基序还是其中一个保守基序对于 PmiR 蛋白与 *prpB* 启动子的结合是必需的，合成了一系列 *prpB* 基因启动子区域的截短 DNA 片段，将它们分别与 PmiR 蛋白进行 EMSA 实验，结果如图 4-5(c)，结果表明当取其中任何一个 DNA 截短片段 *prpB-p1*：-217 至 -84 bp，*prpB-p2*：-71 至 -100 bp，还是 *prpB-p3*：-88 至 -75 bp 与 PmiR 蛋白都没有结合带，只有当两个保守基序同时存在时，即 *prpB-p4*：-217 至 -54 bp 与 PmiR 蛋白有结合带，以上实验

说明 *prpB* 基因启动子区域−97 至−55 bp 位点的长回文 DNA 序列是 PmiR 蛋白与 *prpB* 结合所必需的。

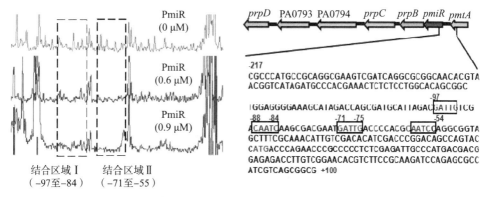

（a）PmiR蛋白与*prpB*启动子的结合区域　　（b）铜绿假单胞菌*prp*基因簇

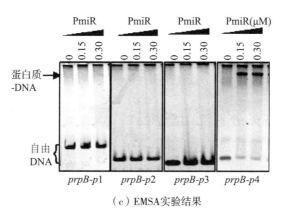

（c）EMSA实验结果

图 4-5　PmiR 蛋白与 prpB 的结合位点检测

4.3.6　绿脓菌素检测

为了进一步验证 PmiR 对 *prpB*、*prpC*、*prpD* 的调控作用，在 ΔpmiR 基因缺失的基础上继续敲除 *prpB*、*prpC*、*prpD* 基因，构建双敲除菌株，从绿脓菌素表型上验证 PmiR 对 *prpB*、*prpC*、*prpD* 的调控作用。野生型菌株 PAO1、ΔpmiR、Δ*pmiR*/p-*pmiR*、Δ*pmiR*Δ*prpB*、Δ*pmiR*Δ*prpC*、Δ*pmiR*Δ*prpD* 菌株在 LB 培养基中培养 24 h 后，观察绿脓素的产生并定量检测，结果见图 4-6，从图中可以看出，双敲菌株的绿脓菌素产生水平与野生型菌株 PAO1 和 ΔpmiR 的回补菌株基本一致，而 Δ*prpB*、Δ*prpC*、Δ*prpD* 单突变株相对于野生型 PAO1 绿脓菌素产量是增加的，这说明 PmiR 对 *prpB*、*prpC*、*prpD* 基因是负调控，PmiR 抑制了 *prpB*、*prpC*、*prpD* 基因的表达。

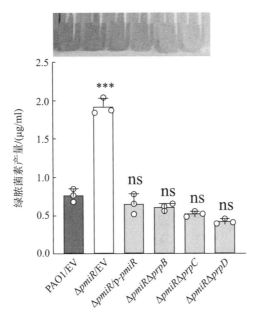

图 4-6　Δ*pmiR*Δ*prpB*、Δ*pmiR*Δ*prpC*、Δ*pmiR*Δ*prpD* 影响绿脓菌素的产生

注：误差线表示三个独立实验的平均值±标准差。采用方差分析多重比较检验计算统计学意义。*** $P<0.01$，ns 表示没有差异。

4.3.7　运动能力检测

还进一步验证了 Δ*pmiR*Δ*prpB*、Δ*pmiR*Δ*prpC*、Δ*pmiR*Δ*prpD* 双敲菌株的泳动和丛动能力，将 2 μL 待测菌液分别接种于丛动和泳动培养基表面，将丛动培养基和泳动培养基平板分别置于 37 ℃ 和 30 ℃ 培养箱温育，16 h 后观察拍照。结果见图 4-7。从图中可以看出，Δ*pmiR*Δ*prpB*、Δ*pmiR*Δ*prpC*、Δ*pmiR*Δ*prpD* 的运动能力和 PAO1、Δ*pmiR* 的回补菌株基本一致，所以从泳动和丛动表型实验上证明 PmiR 对 *prp* 操纵子的表达是负调控。

4.3.8　EMSA 检测 PmiR 蛋白的效应物分子

GntR 家族转录调控因子包含两个功能域，通常以同二聚体形式结合 DNA，但转录调控因子 C 端结构域首先与配体或效应物分子结合，使得转录调控因子构象改变，导致与靶基因结合或者解离，进而使得靶基因的转录水平

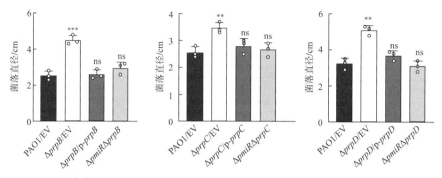

（a）ΔpmiRΔprpB、ΔpmiRΔprpC、ΔpmiRΔprpD双敲菌株泳动能力

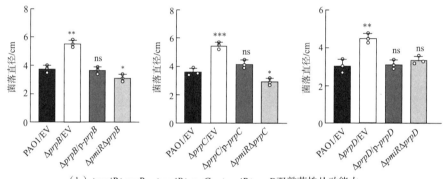

（b）ΔpmiRΔprpB、ΔpmiRΔprpC、ΔpmiRΔprpD双敲菌株丛动能力

图 4-7   ΔpmiRΔprpB、ΔpmiRΔprpC 和 ΔpmiRΔprpD 影响铜绿假单胞菌的运动

注：误差线表示三个独立实验的平均值±标准差。采用方差分析多重比较检验计算统计学意义，**$P<0.01$，***$P<0.001$，ns 表示没有差异。EV 代表空载体。

增强或减弱。pmiR 的缺失导致 prpB 表达增加，进而导致丙酮酸和琥珀酸的积累以及 MIC 的减少，推测 PrpB 的底物 MIC 或以丙酮酸和琥珀酸在内的产物是否是 PmiR 的潜在效应物。为此采用 4.2.3 中相同的反应体系，在各反应体系中都加入 2 ng/μL 的 DNA 和 0.2 μmol/L 的 PmiR，同时在各反应体系中加入不同浓度的 MIC、琥珀酸和丙酮酸以观察这些小分子对 PmiR 与 prpB 启动子 DNA 结合的影响，同时还选择了 MIC 的类似物柠檬酸和异柠檬酸作为对照进行研究，结果如图 4-8 所示。从图中可以看出，当加入 1 mmol/L MIC 和 4 mmol/L 琥珀酸时可明显看到 PmiR 与 prpB 启动子的结合完全丧失，而加入 10 mmol/L 柠檬酸和丙酮酸时 PmiR 与 prpB 启动子的结合并不受影响，但是加入 8 mmol/L 异柠檬酸时也可看到 PmiR 与 prpB 启动子的结合开始明显减弱。由此说明 MIC、琥珀酸和异柠檬酸对 PmiR 与 DNA 的结合有影响，它们是

PmiR 的潜在效应物分子。

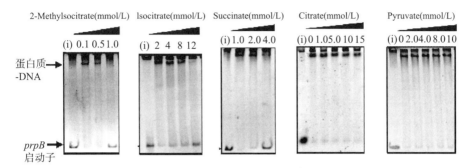

图 4-8　EMSA 检测效应物对 PmiR 与 *prpB* 结合的影响

注：EMSA 实验显示添加不同浓度的效应分子对 PmiR 蛋白与 *prpB* 的启动子的影响。每个反应混合物中 *prpB* 启动子反应浓度为 2.0 ng/μL，PmiR 蛋白浓度 0.2 μmol/L，泳道上方为效应物分子浓度，i 表示不添加效应物只添加 PmiR 蛋白与 *prpB* 的对照组。

4.3.9　ITC 检测 PmiR 蛋白的效应物分子

EMSA 实验证实 MIC 和异柠檬酸影响了 PmiR 与 *prpB* 的结合，通过 ITC 进一步验证这两种分子的作用效果，结果如图 4-9 所示。从图 4-9(a) 和图 4-9(b) 中可以看出，添加 1 mmol/L 的 MIC 和异柠檬酸都能与 PmiR 结合，添加相同浓度的柠檬酸与 PmiR 没有结合，但是相对于异柠檬酸，MIC 与 PmiR 的亲和力更强，其解离常数 K_d 值为 21.8 μmol/L，而异柠檬酸为 25.1 μmol/L。K_d 值为解离常数，其倒数为结合常数，所以 K_d 值越小，其亲和性越强，所以 ITC 结果与 EMSA 实验的结果保持一致。

4.3.10　*lux* 报告基因检测基因表达

EMSA 和 ITC 体外实验证明 MIC 和异柠檬酸可与 PmiR 结合，进一步推断这二者与 PmiR 在体内结合后，进而会影响 PmiR 介导的基因表达，为此通过构建 *pqsH-lux* 的报道子，在存在和不存在 MIC 的情况下，在野生型菌株 PAO1、ΔpmiR 突变体及其回补菌种中监测 *pqsH* 的转录活性，结果见图 4-10(a)，可以看到在 WT PAO1 及其互补菌株中，MIC 强烈诱导 *pqsH* 的表达活性，添加 MIC 相对于不添加 MIC 的 *pqsH* 的表达是增加的，而在突变株 ΔpmiR 中 *pqsH* 表达的没有差异，以上结果说明 MIC 通过与 *pmiR* 结合抑制了 *pmiR* 的表达，而 *pqsH* 的表达在 *pmiR* 被抑制时其表达是增加的。

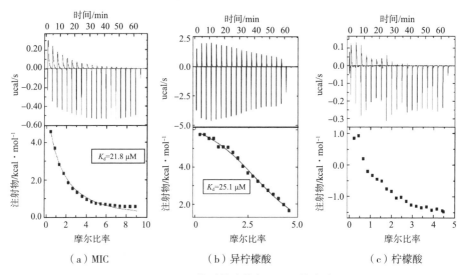

（a）MIC   （b）异柠檬酸   （c）柠檬酸

图 4-9　ITC 检测效应物与 PmiR 结合力

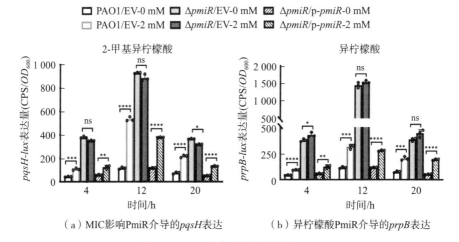

（a）MIC影响PmiR介导的pqsH表达   （b）异柠檬酸PmiR介导的prpB表达

图 4-10　lux 报告基因检测基因表达

注：误差线表示三个独立实验的平均值±标准差。采用方差分析多重比较检验计算统计学意义，*** $P<0.001$，**** $P<0.0001$，ns 表示无差异。

　　本书还进一步研究了在存在和不存在异柠檬酸时，在野生型菌株 PAO1、$\Delta pmiR$ 突变体及其回补菌种中检测 prpB 的转录活性，结果如图 4-10（b）所示，prpB 的转录活性在 WT PAO1 及其互补菌株中其表达也是增加的，而在突变株 $\Delta pmiR$ 中其表达无差异，说明异柠檬酸与 pmiR 结合后抑制了 pmiR 的表达，而

prpB 的表达在 *pmiR* 被抑制时其表达是增加的，同 MIC 结果类似，与 *prpB-lux* 在 Δ*pmiR* 中的表达结果也是一致的，以上实验说明异柠檬酸作为 MIC 的类似物，其功能与 MIC 类似。

4.3.11　异柠檬酸对 PmiR 介导的 *prpB* 表达的影响

上述实验证实异柠檬酸与 PmiR 结合后在转录水平上对 PmiR 介导的 *prpB* 表达有促进作用，接下来进一步通过 western blot 从蛋白水平上验证，结果如图 4-11 所示。从图中可以看出，随着异柠檬酸浓度的增加，PrpB 的表达量在野生型菌株 PAO1 及其回补菌株中也逐渐增加，但在 Δ*pmiR* 突变株中却没有变化，以上结果说明异柠檬酸抑制了 *pmiR* 的表达，进而导致 PrpB 的表达量增加，与异柠檬酸在转录水平上对 *prpB* 的影响是一致的。

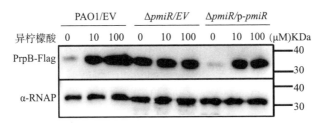

图 4-11　蛋白免疫印迹实验分析异柠檬酸对 PrpB 蛋白的表达

注：western blot 检测在添加 0 μmol/L、10 μmol/L、100 μmol/L 异柠檬酸的 M9 培养基里 PrpB-Flag 在 WT PAO1、Δ*pmiR* 及其回补菌株中的蛋白表达情况。Flag 为标签标记蛋白，用相应标记抗体检测。RNA 聚合酶 α(α-RNAp)抗体作为对照。EV 表示空载体。

4.4　讨论

铜绿假单胞菌因其代谢多样性、适应能力以及对大多数种类抗生素的高度耐药性而闻名，其对基因表达的精细控制主要依赖于一系列转录调节因子[119]。但有一些细菌转录因子缺乏调节结构域，它们通过与目标基因启动子 DNA 的结合能力来决定其调控功能[120-121]。在上一章中证明 PmiR 可参与 2-MCC 代谢，然而 PmiR 作为转录因子是如何参与调控 2-MCC 代谢的机制仍不清楚。

为了揭示 PmiR 是如何参与调控 2-MCC 代谢的机制，本研究构建 2-MCC 关键基因的 *lux* 报道子，检测其在 PAO1、Δ*pmiR* 及其回补菌株中的活性，结果表明 *prp* 操纵子在 Δ*pmiR* 的活性较野生型菌株 PAO1 明显增强，表明 PmiR

蛋白负调控了 *prpB*、*prpC*、*prpD* 启动子的活性；但是 PmiR 对这三个基因是直接调控还是间接调控？通过 EMSA 实验证明 PmiR 可直接调控 *prpB* 基因，通过 western blot 从蛋白水平也证实 PmiR 负调控 *prpB*；通过 DNA 酶 I 足迹法和 EMSA 截短实验确定了 PmiR 与 *prpB* 结合的具体区域；我们还构建了 Δ*pmiR*Δ*prpB*、Δ*pmiR*Δ*prpC*、Δ*pmiR*Δ*prpD* 双敲菌株，从其绿脓菌素、泳动和从动能力等表型方面进一步证明 PmiR 对 *prpB*、*prpC*、*prpD* 基因是负调控，同体外实验结果保持一致。

PmiR 直接调控了 *prpB* 基因，是因为 PmiR 调控蛋白含有两个功能域，其 C 端与配体或效应分子结合后改变蛋白构象进而影响对靶基因的调控，但是影响 PmiR 调控 *prpB* 基因的效应分子是什么？铜绿假单胞菌生活环境的许多小分子物质都有可能作为 PmiR 的配体。已有研究表明 PrpR 可感知酰基辅酶 A 以调节结核分枝杆菌中 *prpC* 和 *prpD* 的基因转录[122]。为了确定 PmiR 的配体，我们推测参与 PrpB 酶反应的底物和产物可作为潜在的效应物，通过 EMSA 实验证实 2-甲基异柠檬酸相较于柠檬酸、琥珀酸和丙酮酸是 PmiR 的最佳配体，添加 1 mmol/L 的 2-甲基异柠檬酸就能抑制 PmiR 与 *prpB* 基因启动子 DNA 的结合，进一步通过 ITC 实验证实异柠檬酸作为 MIC 类似物，与 PmiR 蛋白的亲和力与 MIC 非常接近，证明异柠檬酸具有与 MIC 类似的功能，而虽然异柠檬酸相较于 MIC 缺少一个甲基基团-CH$_3$，但-CH$_3$不是官能团，不改变物质的化学性质，且进一步通过发光和 western blot 从体内和体外实验双重验证了异柠檬酸具有与 MIC 相同的功能与作用，鉴于 MIC 价格昂贵，所以异柠檬酸可作为类似物为研究 MIC 功能的提供参考。

第 5 章　PmiR 在群体感应系统中的调控作用

　　铜绿假单胞菌是一种机会致病菌，能适应并穿透宿主防御系统，是临床最常见的分离微生物，可引起严重的急性和慢性感染[123]。这种细菌的高发病率和流行率部分是由于其调节基因表达的能力，为此，铜绿假单胞菌使用群体感应(quorum sensing，QS)通信系统，控制与毒力相关的一系列因素的协调表达[124]。铜绿假单胞菌有四个相互关联的 QS 系统(las、rhl、pqs 和 iqs)按照复杂的调节网络以分层方式运行，每个 QS 回路都有一个特征性的化学信号，该信号结合其同源受体蛋白，启动相应的正、负级联调节，上述信号分子进入细胞质并与其同源转录激活物(LasR、RhlR、PqsR 和 iqs 系统的未知受体)结合，然后当复合物与相应的基因启动子结合时，相关调控子的表达被触发。因此，每个复合物(例如 PqsR-PQS)都会产生一个自感通路，该自感通路会显著增加 QS 信号的数量，同时还负责调节与毒力、生物膜形成和次生代谢相关的多种基因[125]。

　　过去认为，GntR 转录因子与毒力无关，但是近些年发现它不仅参与代谢稳态，也能够调节毒力相关基因[119]。笔者也研究了 GntR 家族蛋白 MpaR 可调节邻氨基苯甲酸代谢和铜绿假单胞菌群体感应系统[126]。据推测铜绿假单胞菌编码有超过 40 个 GntR 家族调节因子，其中一小部分已被完全表征，但这些调节因子如何感知代谢中间体以调节铜绿假单胞菌毒力因子的表达目前仍然保持未知。

　　PmiR 作为 GntR 家族转录因子之一，是否也参与调控了群体感应系统？为了阐明 PmiR 是通过调控哪些毒力相关基因表达以参与细菌毒力，本研究对参与群体感应系统(las、rhl 和 pqs)相关的基因构建了 *lux* 荧光报告子系统，通过发光实验、EMSA 实验从体内和体外双检测以确定 PmiR 参与调控哪些毒力相关基因；进一步采用 DNA 酶Ⅰ足迹法来精准定位 PmiR 调控蛋白与靶基因的结合区域；通过薄层层析实验来检测 QS 相关基因在野生型菌株 PAO1 和 *pmiR* 突变菌株中的 PQS 产量，以阐明铜绿假单胞菌转录调控因子 PmiR 如何参与调控毒力相关基因表达，研究结果将有助于阐明 PmiR 参与毒力的作用机制。

5.1　实验材料

5.1.1　菌株和质粒

本章用到的菌株和质粒见附录 B。

5.1.2　试剂

PBS 缓冲液(100 mL)：0.8 g NaCl，0.1 g KCl，0.1 g KH_2PO_4，0.575 g Na_2HPO_4；甲醇、乙酸乙酯、乙腈、三氯甲烷(天津科密欧公司)；喹诺酮信号分子标准品 PQS(sigma)。

5.1.3　实验仪器

恒温干燥箱购自上海一恒科技有限公司，硅胶板购自青岛胜海公司。

5.2　实验方法

5.2.1　*lux* 报告基因检测基因的转录水平

pKD- *lasI*、pKD- *lasR*、pKD- *rhlI*、pKD- *rhlR*、pKD- *pqsA*、pKD-*pqsR* 和 pKD-*pqsH* 的测定方法参见 4.2.1。

5.2.2　EMSA 检测 PmiR 参与 pqs 的调控

PmiR 蛋白与 *pqsA*、*pqsR* 和 *pqsH* 启动子的检测方法参见 4.2.3。

5.2.3　薄层层析实验和 PQS 产物的提取

PQS 信号分子一般在细菌对数生长期的末期开始合成，是一种多功能分子。PQS 的提取主要参照 Collier 等的方法[127]，具体过程如下。

① 活化菌株：从平板中挑取待测菌株单菌落至 LB 中，37 ℃过夜培养，次日将此菌液转接，摇菌生长至初始浓度为 OD_{600}=0.05，于 37 ℃继续培养 24 h。

② 取上述菌液于 12 000 r/min 离心 3 min，用 PBS 缓冲液清洗菌液两次，

然后重悬，调整所有样品的浓度一致。

③ 萃取：取 5 mL 上述菌液，加入 10 mL 乙酸乙酯，涡旋 2 min，12 000 r/min 离心 5 min 后，取上层有机相至 1.5 mL 离心管中，置于通风橱中过夜干燥。

④ 向过夜干燥的离心管中加入 50 μL 提前酸化的乙酸乙酯和乙腈的混合液（1∶1）使其充分溶解，取 10 μL 样品用于 TLC 分析。

⑤ 硅胶板的活化：首先将硅胶板置于 5% KH$_2$PO$_4$中浸泡 30 min，然后将硅胶板放置于 100 ℃活化 1 h。

⑥ 点样：将上述提取物移液枪点于硅胶板，将硅胶板放于加有展开剂三氯甲烷∶甲醇（19∶1）的层析缸中，至样品跑到距离底部 1 cm 处，室温下晾干，用凝胶成像仪拍照。

5.2.4　PmiR 蛋白与 *pqsR* 和 *pqsH* 基因的结合位点

通过 DNase I footprinting assay 分析 PmiR 蛋白与 *pqsR* 和 *pqsH* 基因的结合位点，方法参见 4.2.6，并通过对 *pqsR* 和 *pqsH* 基因启动子区 DNA 进行一系列截短，与 PmiR 蛋白进行 EMSA 实验进一步验证其结合位点。

5.2.5　*lux* 报告基因验证 PmiR 结合位点

为了进一步验证 PmiR 与 *pqsR* 和 *pqsH* 的结合位点是否是必需的，对结合序列进行突变，将结合序列中的 G 突变为 T，然后构建相应的 pKD-*pqsR*、pKD-*pqsR*^{M} 和 pKD-*pqsH*、pKD-*pqsH*^{M} 的发光质粒，最后电转化至野生型菌株 PAO1 和 Δ*pmiR* 中，具体检测方法参见 4.2.1。

5.2.6　绿脓菌素的测定

为了进一步验证 PmiR 蛋白对 *pqsR* 和 *pqsH* 的调控作用，在 Δ*pmiR* 突变体的基础上构建了 Δ*pmiR*Δ*pqsR* 和 Δ*pmiR*Δ*pqsH* 双敲菌株，以野生型 PAO1 和 Δ*pmiR* 回补菌株为对照菌株检测它们的绿脓菌素的产生水平，具体方法参见 2.2.10。

5.3　结果

5.3.1　利用 *lux* 报告基因检测基因的转录水平

以前研究表明，绿脓素的产生受到群体感应（QS）系统的严格控制。由于

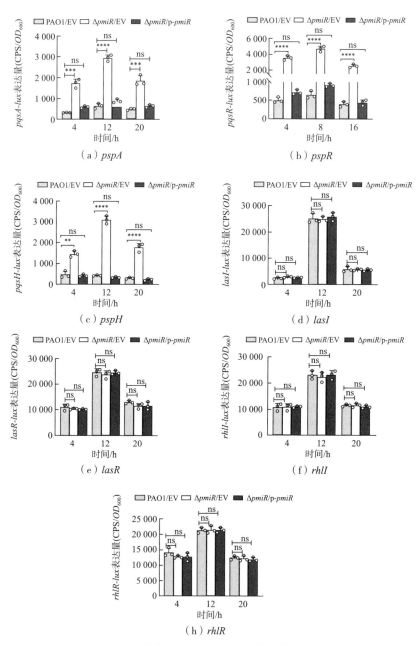

图 5-1　PmiR 调节 pqs、las 和 rhl 系统相关基因的表达

注：误差线表示三个独立实验的平均值±标准差。采用方差分析多重比较检验计算统计学意
义，***P<0.001，****P<0.0001，ns 表示无差异。

pmiR 的缺失后表现出显著的绿脓菌素增加（见图 2-1(a)），接下来试图确定 *pmiR* 对绿脓菌素的影响是否通过调节 QS 系统来控制产生。再者本实验室前期研究也表明 GntR 家族蛋白 MpaR 可调节 *pqsR* 和 *pqsH* 基因的表达[126]，为了验证 PmiR 是否也参与了对 QS 系统的调控，我们构建了 *lux* 报告基因在体内分别检测 *lasI-lux*、*lasR-lux*、*rhlI-lux*、*rhlR-lux*、*pqsA-lux*、*pqsR-lux* 和 *pqsH-lux* 在 PAO1、Δ*pmiR* 及其回补菌株中的表达情况，结果如图 5-1 所示。从图 5-1 中可以看出 *pqsA*、*pqsR* 和 *pqsH* 在 Δ*pmiR* 的活性较野生型菌株 PAO1 增强，在其对应的回补菌株中它们的活性又可以恢复到野生型水平，但是 *lasI-lux*、*lasR-lux*、*rhlI-lux*、*rhlR-lux* 在 WT PAO1、Δ*pmiR* 及其回补菌株的表达却没有差异。以上结果表明 PmiR 抑制了 *pqsA*、*pqsR* 和 *pqsH* 启动子的活性，表明 PmiR 通过 pqs 系统参与毒力的调控，而与 las 系统和 rhl 系统无关。

5.3.2　EMSA 检测 PmiR 参与 pqs 的调控

lux 报告基因发光实验证实 PmiR 蛋白负调控了 *pqsA*、*pqsR* 和 *pqsH* 启动子的表达，为了验证 PmiR 蛋白是直接调控还是间接调控 pqsA、pqsR 和 pqsH，通过 EMSA 实验检测 PmiR 和 *pqsA*、*pqsR* 和 *pqsH* 启动子之间的相互作用，结果如图 5-2。从图中可以看出转录调控因子 PmiR 与 *pqsR* 和 *pqsH* 启动子有明显的阻滞条带，而与 *pqsA* 启动子没有结合，说明转录调控因子 PmiR 可直接调控 *pqsR* 和 *pqsH* 基因的表达。

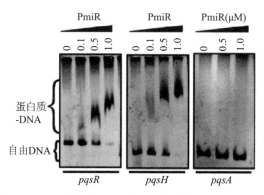

图 5-2　EMSA 检测 PmiR 和 pqs 相关基因启动子的作用

注：EMSA 实验显示 PmiR 蛋白与 *pqsR* 和 *pqsH* 的启动子有结合，而与 *pqsA* 不结合。每个反应混合物中 *pqsA*、*pqsR* 和 *pqsH* 的 PCR 产物反应浓度为 2.0 ng/μL，泳道上方为蛋白浓度。

5.3.3 TLC 检测 PQS 的产量

为了验证 *pqsR* 和 *pqsH* 表达降低是否也导致 PAO1 中 PQS 的产量降低，构建了 Δ*pmiR*Δ*pqsR* 和 Δ*pmiR*Δ*pqsH* 双敲菌株，以野生型菌株 PAO1、突变菌株 Δ*pmiR* 及其回补菌株为对照，通过薄层层析实验对其进行 PQS 的提取和分析，结果如图 5-3 所示。从图中可以看出 Δ*pmiR*Δ*pqsR* 和 Δ*pmiR*Δ*pqsH* 双敲菌株的 PQS 产量与野生型菌株 PAO1 和回补菌株接近，但远低于突变菌株 Δ*pmiR* 的 PQS 产量，说明 *pqsR* 和 *pqsH* 在 Δ*pmiR* 中的表达是升高的，*pmiR* 抑制了 *pqsR* 和 *pqsH* 基因的表达，进而影响了 PQS 产量。

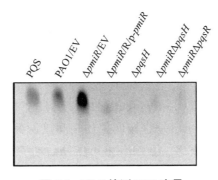

图 5-3   TLC 检测 PQS 产量

注：利用薄层层析实验检测 PAO1、Δ*pmiR* 及回补菌株、Δ*pqsH*、Δ*pmiR*Δ*pqsH* 和 Δ*pmiR*Δ*pqsR* 菌株中产生的 PQS，选择 PQS 标准品作为对照，标准品浓度为 1 mg/mL，数据为三组独立实验重复结果。

5.3.4 PmiR 与 *pqsR* 和 *pqsH* 基因的结合位点

通过 EMSA 实验证实 PmiR 直接调控 *pqsR* 和 *pqsH* 基因的表达，为了探究 PmiR 调控蛋白与 *pqsR* 和 *pqsH* 基因启动子区域的具体结合位点，通过 DNA 酶 I 足迹法、EMSA 和突变发光实验分析了 PmiR 蛋白与 *pqsR* 和 *pqsH* 基因启动子的结合区域，结果如图 5-4 所示。从图 5-4(a) 中可看出随着 PmiR 蛋白浓度的增加，*pqsH* 基因启动子区域出现明显的结合保护区域，其结合保守基序为 CGCCGCCCGCCGCGGCG，保护区域相对于起始密码子位于 −264 至 −248 bp 处，可以看到保护区域相对于对照区域峰值有明显的降低，为了验证这一基序对于 PmiR 蛋白与 *pqsH* 启动子的结合是必需的，我们合成了一系列 *pqsH* 基因启动子区域的截短 DNA 片段，将它们分别与 PmiR 蛋白进行 EMSA 实验，同时也做了 PmiR 蛋白与 *pqsR* 启动子区域的截短 DNA 片段的 EMSA，结果如图

5-4(b)，结果表明 *pqsH-p*1（-264 至+20 bp，包含结合区域）与 PmiR 蛋白有结合，而 *pqsH-p*2（-249 至+20 bp）为不包含结合区域的 DNA 与 PmiR 蛋白无结合，pqsH-M-p 是由原来的结合基 **CGCCGCCCGCCGCGGCG** 突变为 C̲T̲CCT̲ CCCGCCT̲C̲T̲T̲CT̲，发现 PmiR 蛋白与之也没有结合。同样的 *pqsR-p*1（-552 至+1 bp，包含结合区域）与 PmiR 蛋白有结合，而 *pqsR-p*2（-530 至+1 bp）为不包含结合区域的 DNA 与 PmiR 蛋白无结合，*pqsR-M-p* 是由原来的结合基序 **CGCCG**GCTCGCTTTCTGCG**CGGCG** 突变为 C̲T̲CCT̲T̲CTCGCTTTCTGCT̲C̲T̲T̲CT̲，发现 PmiR 蛋白与之也没有结合。

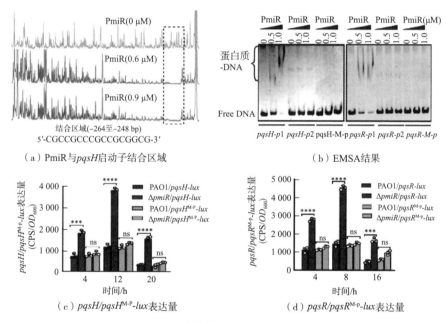

（a）PmiR 与 *pqsH* 启动子结合区域   （b）EMSA 结果

（c）*pqsH/pqsH*^M-p^-*lux* 表达量   （d）*pqsR/pqsR*^M-p^-*lux* 表达量

图 5-4　PmiR 直接抑制 *pqsR* 和 *pqsH* 的表达

注：误差线表示三个独立实验的平均值±标准差。采用方差分析多重比较检验计算统计学意义，***$P<0.001$，****$P<0.001$，ns 表示没有差异。

此外如图 5-4(c)~图5-4(d) 所示，通过 *lux* 发光报道子检测体内 *pqsR* 和 *pqsH* 基因启动子活性，发现序列突变的 *pqsR* 和 *pqsH* 基因的启动子在 Δ*pmiR* 突变体中的表达与野生型亲本基本一致，但是序列没有突变的 *pqsR* 和 *pqsH* 基因的启动子活性在 Δ*pmiR* 突变体中的表达却被诱导表达，表明这些结合序列对于 PmiR 蛋白对 *pqsR* 和 *pqsH* 的调控是必要的。总之，这些结果均表明 PmiR 直接抑制了 *pqsR* 和 *pqsH* 基因的表达。

5.3.5　PmiR 通过 *pqsR* 和 *pqsH* 调控绿脓菌素的产生

绿脓菌素是一种重要的毒力因子，能作为假单胞菌喹诺酮信号（PQS）下游信号分子介导刺激。上述实验结果表明 *pmiR* 的缺失导致绿脓菌素产量增加，同时 *pmiR* 的缺失导致 pqs 系统的关键基因 *pqsR* 和 *pqsH* 的表达增加，因此猜测 PmiR 是否通过 *pqsR* 和 *pqsH* 来调控绿脓菌素的产生，为了验证这一猜测，构建了 Δ*pmiR*Δ*pqsR* 和 Δ*pmiR*Δ*pqsH* 双敲菌株检测它们的绿脓菌素的产量，野生型菌株 PAO1、Δ*pmiR*、Δ*pmiR*Δ*pqsR* 和 Δ*pmiR*Δ*pqsH* 突变株在 LB 培养基中培养 24 h 后，观察绿脓素的产生并定量检测，结果如图 5-5。在突变菌株 Δ*pmiR* 基础上敲掉 *pqsR* 和 *pqsH* 基因其绿脓菌素的水平与野生型菌株一致，说明 PmiR 很可能是通过 PqsR 和 PqsH 来调控铜绿假单胞菌中绿脓菌素的产生。

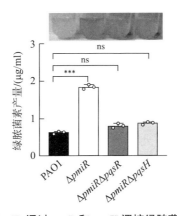

图 5-5　PmiR 通过 *pqsR* 和 *pqsH* 调控绿脓菌素的产生

注：误差线表示三个独立实验的平均值±标准差。采用方差分析多重比较检验计算统计学意义，＊＊＊P<0.001，ns 表示无差异。

5.4　讨论

铜绿假单胞菌中 QS 由四个相互连接的系统（las、rlh、pqs 和 iqs）组成。基于喹诺酮类的 QS 系统主要通过假单胞菌喹诺酮类信号（PQS）发挥作用，通过 LysR 转录调节因子 PqsR 以刺激一些毒力基因表达[37]。当前许多研究表明，PQS 是一种多功能分子，通过几个 PqsR 依赖和 PqsR 非依赖途径发挥功能[128]。此外，PQS 不仅通过改变基因的转录水平影响细胞，而且还直接与细胞中数百个以前未被识别的蛋白伴侣结合。这些观察结果证明 PQS 可能直接与几个关键毒力途径相互作用[129]。

　　为了揭示 PmiR 是如何参与铜绿假单胞菌毒力的作用机制，本研究通过构建 las、rhl、pqs 系统相关基因的 lux 报道子，检测其在 PAO1、ΔpmiR 及其回补菌株中在转录水平的发光活性，结果表明 pqs 系统基因 pqsA、pqsR 和 pqsH 在 ΔpmiR 的活性较野生型菌株 PAO1 明显增强，但是 las、rhl 系统相关基因在 PAO1、ΔpmiR 的表达无差异，表明 PmiR 蛋白负调控了 pqsA、pqsR 和 pqsH 启动子的活性；但是 PmiR 蛋白对 pqsA、pqsR 和 pqsH 三个基因是直接调控还是间接调控，通过 EMSA 实验结果证明 PmiR 蛋白与 pqsR 和 pqsH 基因的启动子 DNA 有结合，表明 PmiR 蛋白可直接调控 pqsR 和 pqsH 基因；为了进一步确定 PmiR 蛋白与 pqsR 和 pqsH 的结合区域，通过 DNA 酶 I 足迹法和 EMSA 截短实验确定了 PmiR 与 pqsR 和 pqsH 结合的具体位置；同时对 PmiR 与 pqsR 和 pqsH 结合序列中的碱基进行定点突变，发现序列突变后的 pqsR 和 pqsH 基因的启动子在 ΔpmiR 突变体中的表达与野生型亲本基本一致，表明结合序列突变后失去了与 PmiR 的结合功能，也说明这些结合序列对于 PmiR 蛋白对 pqsR 和 pqsH 的结合是必需的；通过以上实验结果我们推测 PmiR 是否通过调控 pqs 系统基因而影响了绿脓菌素的产生，是否 pqsR/pqsH 表达降低进而影响 PAO1 中 PQS 的产量降低，为了验证这一推测，构建了 ΔpmiRΔpqsR 和 ΔpmiRΔpqsH 双敲菌株，以野生型菌株 PAO1、突变菌株 ΔpmiR 及其回补菌株为对照，通过薄层层析实验对其进行 PQS 的提取和分析，结果如图 5-3 所示。从图中可以看出 ΔpmiRΔpqsR 和 ΔpmiRΔpqsH 双敲菌株的 PQS 产量少于野生型菌株 PAO1 和回补菌株，且远低于突变菌株 ΔpmiR 的 PQS 产量，说明 pqsR 和 pqsH 在 ΔpmiR 中的表达是升高的，pmiR 抑制了 pqsR 和 pqsH 的表达，进而影响了 PQS 产量。

　　PQS 信号系统在促进感染和控制毒力因子方面的作用已在许多研究中得到验证。pqsH 基因将 HHQ 转化为 PQS 所需的 FAD 依赖性单加氧酶；PqsR 是一种 LysR 型转录调节因子，有两个配体 HHQ 和 PQS，PQS 以比 HHQ 更高的亲和力结合 PqsR，促使 PqsR 连接到 pqsABCDE 启动子区域[130]。PQS 系统相关基因突变后显示生物膜、绿脓菌素、凝集素等毒力因子的减少[129]。这些表明 PqsR 和 PqsH 是 PQS 信号转导所必需的，本研究通过检测 ΔpmiRΔpqsR 和 ΔpmiRΔpqsH 双敲菌株的绿脓菌素水平也证实 PmiR 通过调控 PqsR 和 PqsH 进而导致绿脓菌素的减少。总之，PmiR 通过调控 pqs 系统相关基因而参与铜绿假单胞菌的毒力。

第 6 章　PmiR 蛋白复合物的晶体结构研究

蛋白质是动态的，通常在与配体结合时会发生构象变化。变构是由配体结合诱导蛋白发生构象变化的一种情况，其特征是蛋白质内部的信息传递[131]。变构蛋白有两种类型的配体：作为底物的正构配体可结合不同位点并调节正构位点活性的变构配体。变构配体可以是激活剂、抑制剂或调节剂，取决于它们对正构位点的作用，通常是变构蛋白正常功能或功能抑制所必需的[132]。变构对于药物设计具有很大的实际重要性，因为变构位点是可药物化的，并且在具有结构相似的正构位点的蛋白质的情况下，例如在蛋白激酶中，具有相似的 ATP 结合位点，结合变构位点的药物允许靶向特异性蛋白质，而没有结合其非特异性正构位点的分子的副作用[133]。变构是一种重要的调节机制，使细菌阻遏物发挥分子开关的作用，可以关闭或打开某些基因。如前所述，原核转录因子也具有基本的结构域，这些结构域通过灵活的接头相互连接，这些接头的二级结构和长度不同，在与转录因子相关的变构中发挥重要作用[134-135]。目前关于 GntR 家族转录调控因子的结构、配体的研究相对比较少，主要原因在于目前只有很少的 GntR 家族蛋白的晶体结构被解析出来，结构得不到解析，加之细菌生活的环境又是复杂多变的，所以筛选配体困难重重。

与代谢物结合的变构调节广泛的转录因子是 GntR 家族，GntR 家族成员具有存在于 N 端 DNA 结合域（NTD）和 C 端的配体（或效应器）结合结构域（CTD）。GntR 家族蛋白通常是同源二聚体结构，能够识别富含 A/T 的 DNA 回文序列形式结合 DNA，且与 DNA 结合的调节依赖于效应分子的结合，配体结合后，效应物诱导的蛋白构象变化，导致整个 DNA 结合结构域相对于效应物结合结构域移位，导致蛋白质-DNA 复合物的破坏。

第四章的研究表明，PmiR 参与 2-MCC 代谢中关键基因的调控，*pmiR* 的

缺失会导致 *prpB* 表达的显著增加，*prpB* 基因表达增高会导致丙酮酸和琥珀酸的积累以及 MIC 的降低。因此推测 PrpB 反应的底物 MIC 和包括丙酮酸、琥珀酸在内的产物是否可能是 PmiR 的潜在结合的效应物，通过 ITC 实验证实 MIC 和 PmiR 蛋白有结合，EMSA 证实添加 MIC 相对于其他小分子显著抑制了 PmiR 与 *prpB* 启动子的结合。为了解析 PmiR 与 MIC 效应物结合的结构基础，对 PmiR/MIC 复合物进行了晶体试验，研究分析复合物在三维结构的基础上 PmiR 与 MIC 和 DNA 的结合机制。同时对解析出的关键位点的氨基酸残基进行定点突变，通过 EMSA 和 ITC 实验验证这些位点的作用。还对突变的位点构建了相应的定点突变回补菌株，通过绿脓菌素的表型试验观察这些位点的体内活性。同时为了更好地解析 PmiR 的结构和功能，我们将 PmiR 与 GntR 家族成员之一 FadR 亚家族和农杆菌的 Atu1419 的蛋白序列进行比对。通过以上试验以期阐明 PmiR 蛋白如何感应信号分子以调控铜绿假单胞菌的代谢和致病性的机制。

6.1 实验材料

6.1.1 菌株和质粒

本章用到的菌株和质粒见附录 B。

6.2 实验方法

6.2.1 蛋白复合物结晶和数据收集

使用 Art Robbins Instrument 公司的 Gryphon 结晶机器人系统和汉普顿研究公司的结晶套件在 16 ℃ 下确定初始结晶条件。在初始筛选和优化过程中使用了坐滴蒸汽扩散法进行结晶，apo 型 PmiR 晶体最终条件由 0.1 mol/L MES/氢氧化钠(pH=6.5)和 1.6 mol/L 硫酸镁组成；MIC 复合物晶体在含有 0.1 mol/L MES/氢氧化钠 pH=5.8 和 1.2 mol/L 硫酸镁的缓冲液中生长。该液滴含有 0.3 μL 结晶缓冲液和 0.6 μL 蛋白样品，蛋白的最终浓度为 10 mg/mL，MIC 的浓度为 5.0 mmol/L。所有晶体均通过补充有 20% 甘油的母液进行低温保护，并使用液氮快速冷冻。使用 HKL3000 程序进行数据处理。

6.2.2　晶体结构解析与精修

apo 形式的 PmiR 结构通过分子替换方法与嵌入 Ccp4i 套装中的 Phaser 程序解决。使用 CCP4 套件的 Refmac5 程序针对衍射数据对生成的模型进行了细化。定期计算 2Fo-Fc 和 Fo-Fc 电子密度图,并作为 COOT 建立模型的指南。使用 apo-form 结构作为搜索模型,通过分子替换方法求解 PmiR/MIC 复合物结构。Zn²⁺ 离子和 MIC 分子均使用 COOT 手动构建。使用 Phenix suit 的 phenix. refine 程序对这两个结构进行了最后改进。

6.2.3　定点突变蛋白的构建、表达与纯化

定点突变蛋白载体的构建采用重叠 PCR 方法(overlapping PCR),其原理是采用具有互补末端的引物,以铜绿假单胞菌全基因组 PAO1 为模板,分别进行 PCR 后,得到的两段 PCR 产物中间形成了重叠,在随后的扩增反应中通过重叠链的延伸,将不同来源的片段拼接起来,然后与 pET28a 质粒的酶切、连接反应等的具体方法参见 3.2.1。

6.2.4　凝胶迁移实验

具体方法参见 4.2.4。

6.2.5　等温滴定量热实验

具体方法参见 4.2.8。

6.2.6　绿脓菌素的测定

具体方法参见 2.2.10。

6.2.7　*lux* 报告基因检测突变基因的表达

具体方法参见 4.2.1。

6.3　结果

6.3.1　截短 PmiR 蛋白与 DNA 和 MIC 的结合

尽管全长 PmiR 蛋白与 MIC 晶体复合物没有结晶成功,但 PmiR 蛋白(aa 15–232)经过截短通过 X 光晶体衍射技术成功进行了 PmiR 与 MIC 复合物的晶体实验。通过 EMSA 实验证实,N-末端残基截短对 PmiR 的 *prpB* 启动子 DNA 序列的结合没有影响(见图 6-1(a))。进一步通过 ITC 分析也表明,截短的

PmiR 可以与 MIC 结合，其 K_d 值为 62.9 μmol/L，不影响 PmiR 的功能（见图 6-1(b)）。

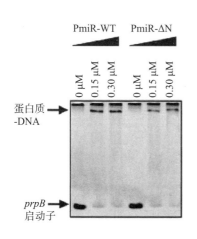
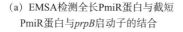
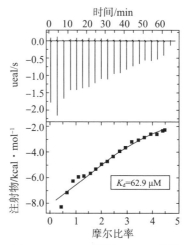

（a）EMSA检测全长PmiR蛋白与截短　　（b）1 mmol/L MIC滴定45 μmol/L截短PmiR
　　PmiR蛋白与*prpB*启动子的结合　　　　　蛋白的ITC图（已扣除空白对照）

图 6-1　EMSA 和 ITC 检测 PmiR 蛋白与 *prpB* 和 MIC 的结合

注：上面峰图显示注射 MIC 后与截短 PmiR 蛋白作用的热差异，下图显示采用 Microcal ORIGIN 软件分析的单一结合模型的拟合数据。

6.3.2　PmiR 蛋白与 Zn^{2+} 和 MIC 的晶体结构

PmiR 蛋白与 Zn^{2+} 和 MIC 结合的晶体结构结果见图 6-2。PmiR 的 apo 形式和 MIC 复合晶体都属于 $I4_122$ 空间群，每个不对称单元包含一个 PmiR 单体。每个 PmiR 单体可分为两个结构域：HTH 结构域（aa 17–81）和效应结合（EB，aa 85–223）结构域。HTH 结构域由三个螺旋（α 1–3）和两个 β 链（β 1 和 β 2）组成；EB 结构域由排列成两层的 6 个 α 螺旋（α 4–9）组成（见图 6-2(a)）。两个结构域之间的取向主要由位于界面的疏水残基稳定，例如 HTH 结构域的 V31、P37、L69、V80 和 V81 以及 EB 结构域的 L170、R172 和 M173（见图 6-2(e) ~ (f)）

EB 结构域在两种结构中都捕获了一个 Zn^{2+}（见图 6-2(g) ~ 6-2(h)）。Zn^{2+} 与 PmiR 共同纯化后是六配位。在 PmiR 的 apo 结构中，Zn^{2+} 与两个水分子和 D143、H147、H192 和 H214 的侧链配位（见图 6-2(b)）。D143 和 H147 属于 α5 螺旋，而 H192 和 H214 分别位于 α8 和 α9 螺旋的中间（见图 6-2(c)）。对

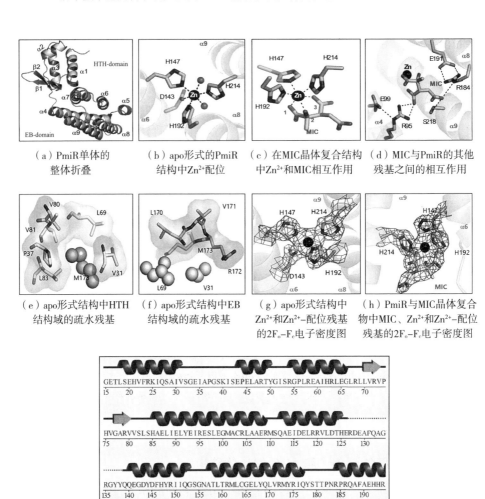

（a）PmiR单体的整体折叠

（b）apo形式的PmiR结构中Zn²⁺配位

（c）在MIC晶体复合结构中Zn²⁺和MIC相互作用

（d）MIC与PmiR的其他残基之间的相互作用

（e）apo形式结构中HTH结构域的疏水残基

（f）apo形式结构中EB结构域的疏水残基

（g）apo形式结构中Zn²⁺和Zn²⁺–配位残基的2F$_o$-F$_c$电子密度图

（h）PmiR与MIC晶体复合物中MIC、Zn²⁺和Zn²⁺–配位残基的2F$_o$-F$_c$电子密度图

（i）PmiR的序列和二级结构

图6-2 PmiR-MIC 复合物的晶体结构

其复杂的结构进行细化，产生了 2.5 Å 的分辨率的 MIC 电子密度图（见图 6-2（h））。与 H147、H192 和 H214 一样，MIC 也通过 1 位和 3 位的羧酸基团和 2 位的羟基基团与 Zn²⁺ 配位。MIC 的构象通过其与 R95、R184 和 S218 侧链的氢键（H-键）相互作用进一步稳定（见图 6-2（d））。由于 E99 或 E191 有稳定 H 键相互作用，R95 和 R184 的构象在两种结构中保守性很好。

6.3.3　定点突变 PmiR 蛋白的表达纯化

由 PmiR 蛋白与 Zn^{2+} 和 MIC 的晶体复合物结构解析出位于 D143、H147、H192、H214、R95、R184 和 S218 的保守氨基酸残基可能起着关键作用，为了验证这些位点氨基酸残基的作用，把这些氨基酸定点突变为丙氨酸后对其进行蛋白的纯化，用于后续 EMSA 和 ITC 验证，突变蛋白的纯化结果如图 6-3 所示。从图中可以看出，这些位点进行突变后，除了 R95、R184 突变氨基酸残基的 PmiR 蛋白表达量相对较少外，其他位点突变的 PmiR 蛋白表达量和野生型 PmiR 蛋白基本一致，且蛋白大小都保持一致。

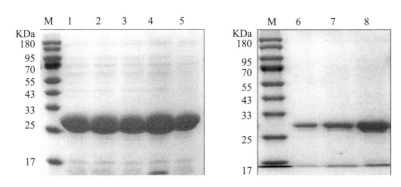

图 6-3　PmiR 定点突变蛋白的表达纯化

注：泳道 1 为纯化的野生型 PmiR 蛋白；泳道 2－8 分别为 D143、H147、H192、H214、R184、R95 和 S218 的突变 PmiR 蛋白；M 代表 Marker。

6.3.4　ITC 检测 MIC 与定点突变 PmiR 蛋白的亲和力

晶体结构解析出某些位点的氨基酸残基在 MIC 和 PmiR 蛋白形成晶体复合物时起着关键作用，为了验证这些位点的功能，我们通过 ITC 实验评估突变 PmiR 蛋白与野生型蛋白相对于 MIC 的结合亲和力，为添加 1 mmol/L 的 MIC 滴定 45 μmol/L 的 D143、H147、H192、H214、R95、R184 和 S218 位点突变 PmiR 蛋白的 ITC 滴定峰和拟合曲线（已扣除空白对照），结果如图 6-4。从图中可以看出 PmiR^{H147A}、PmiR^{H214A}、PmiR^{R95A}、PmiR^{H192A}、PmiR^{R184A} 和 PmiR^{S218A} 的突变蛋白不能有效地与 MIC 结合。然而 PmiR D143A 突变蛋白显示出比野生型 PmiR 蛋白（K_d=21.8 μmol/L）与 MIC 更高的结合亲和力（K_d=2.1 μmol/L），这可能是由于消除了 D143 位点和 MIC 之间对 Zn^{2+} 的配位竞争。这些结果说明 PmiR^{D143A}、PmiR^{H147A}、PmiR^{H214A}、PmiR^{R95A}、PmiR^{H192A}、PmiR^{R184A} 和 PmiR^{S218A}

在 MIC 与 PmiR 蛋白结合的过程起着关键作用。

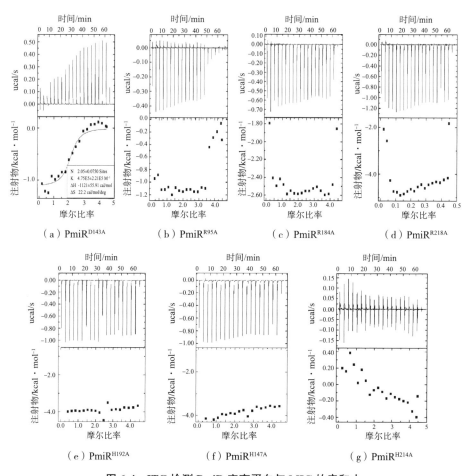

图 6-4　ITC 检测 PmiR 突变蛋白与 MIC 的亲和力

注：上面峰图显示注射 MIC 后的热差异，下图显示采用 Microcal ORIGIN 软件分析的单一结合模型的拟合数据。

6.3.5　EMSA 检测 MIC 与定点突变 PmiR 蛋白的结合

为了进一步研究 MIC 和 PmiR 突变蛋白的功能，通过 EMSA 实验进一步研究他们之间的结合力，结果如图 6-5 所示。从图中可以看出添加 1 mmol/L MIC 降低了 PmiR^{D143A} 与 *prpB* DNA 探针的结合，其 EMSA 结果与野生型 PmiR 蛋白结果一致；而添加 1 mmol/L MIC 不影响 PmiR^{H147A}、PmiR^{H214A}、PmiR^{R95A}、PmiR^{H192A}、PmiR^{R184A} 和 PmiR^{S218A} 与 *prpB* DNA 探针的结合，这些结果表明

H147、H214、R95、R184、H192 和 S218 这些保守氨基酸残基在 MIC 与 PmiR
的结合中起关键作用，与 ITC 的结果是一致的。

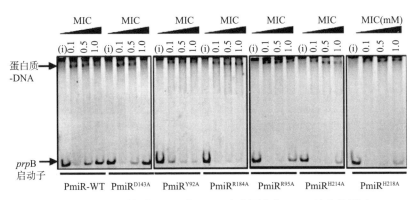

图 6-5　EMSA 检测 MIC 对 PmiR 突变蛋白与 prpB 结合的影响

注：EMSA 实验显示添加不同浓度的 MIC 对 PmiR 蛋白与 prpB 的启动子的影响。每个反应
混合物中 prpB 启动子反应浓度为 2.0 ng/μL，各突变 PmiR 蛋白浓度 0.2 μmol/L，泳道上
方为 MIC 浓度，i 表示不添加效应物只添加 prpB 启动子 DNA 的对照组。

6.3.6　绿脓菌素的测定

体外 EMSA 和 ITC 实验证实了 D143、H147、H192、H214、R95、R184 和
S218 这些氨基酸残基位点起着关键作用，为了进一步验证这些关键位点在体
内是否也具有活性，因此构建了这些位点突变的回补菌株，即将 pmiR 的位点
突变的编码序列被克隆到质粒 pAK1900 中，并将其电转入 ΔpmiR 敲除菌株中，
通过观察比较这些定点突变的回补菌株和正常回补菌株的绿脓菌素产生情况，
验证这些位点突变的氨基酸残基的体内活性，菌株 PAO1、ΔpmiR、ΔpmiR/p-
pmiR 及 pmiR^D143A、pmiR^H147A、pmiR^H192A、pmiR^H214A、pmiR^R95A 和 pmiR^R184A 和
pmiR^S218A 位点突变的回补菌株分别在 LB 培养基中培养 24 h 后，观察绿脓素的
产生并进行定量检测，结果如图 6-6 所示。从图中可以看出 pmiR^D143A 的回补菌
株的绿脓菌素水平与野生型 PAO1 基本一致，而 pmiR^H147A、pmiR^H192A、
pmiR^H214A、pmiR^R95A、pmiR^R184A 和 pmiR^S218A 的回补菌株的绿脓菌素水平与 ΔpmiR
一致，甚至 pmiR^R184A 绿脓菌素的水平比 ΔpmiR 还多，说明其位点突变后，回
补质粒并没有补充绿脓菌素的产生，这些结果说明 D143、H147、H192、
H214、R95、R184 和 S218 这些氨基酸残基位点在菌体内起着关键作用。

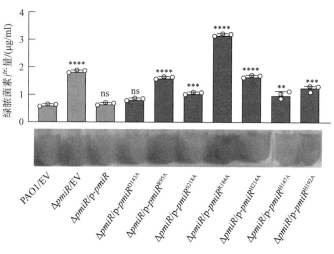

图 6-6　定点突变 PmiR 回补菌株绿脓菌素的产生

注：误差线表示三个独立实验的平均值±标准差。采用方差分析多重比较检验计算统计学意义，＊＊P<0.01，＊＊＊P<0.001，＊＊＊＊P<0.0001；ns 表示没有差异。

6.3.7　*lux* 报道子检测突变基因的表达

还通过 *lux* 发光报道子检测 *pqsH* 基因在 PAO1、ΔpmiR 菌株及其回补菌株和定点突变回补菌株中的表达情况以进一步验证这些氨基酸残基的功能，通过检测 *lux* 融合基因的发光情况，比较了 *pqsH* 在 PAO1、ΔpmiR 及其回补菌株和定点突变回补菌株中的启动子活性，结果如图 6-7 所示。从图中可以看出 *pmiR*^{D143A} 回补菌株中 *pqsH* 的表达与在野生型 PAO1 基本一致，而 *pmiR*^{H147A}、*pmiR*^{H192A}、*pmiR*^{H214A}、*pmiR*^{R95A}、*pmiR*^{R184A} 和 *pmiR*^{S218A} 的回补菌株的 *pqsH* 的表达与在 ΔpmiR 中基本一致。结合体内和体外实验，这些结果均清楚地表明 D143、H147、H192、H214、R95、R184 和 S218 氨基酸残基对细胞中 PmiR 的活性至关重要。

6.3.8　MIC 抑制 PmiR 和 DNA 结合机制

尽管在晶格的不对称单元中只有一种 PmiR 单体存在，但体外尺寸排阻色谱图表明 PmiR 在溶液中以同源二聚体的形式存在（见图 6-8(a)），二聚化可由两个 PmiR 单体之间的各种相互作用介导，如图 6-8(b) 所示，R161 的侧链与 G66 的主链 O 原子形成氢键相互作用，而与 E166 的侧链形成盐桥相互作用。E93 和 R109 的侧链之间也形成盐桥相互作用；除了 E90 的主链 O 原子外，N156 的侧链还与 E93 的侧链形成 H 键相互作用（见图 6-8(c)）。值得注意

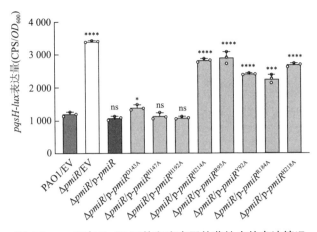

图 6-7　*pqsH* 在 PmiR 回补和突变回补菌株中的表达情况

注：误差线表示三个独立实验的平均值±标准差。采用方差分析多重比较检验计算统计学
意义，$^{****}P<0.001$，ns 表示无差异。

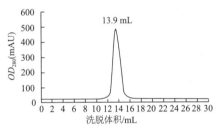

（a）通过凝胶过滤层析估算PmiR的分子量

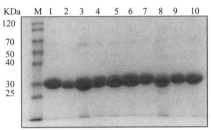

（f）野生型PmiR和突变型PmiR
蛋白纯化SDS-PAGE图

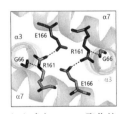

（b）参与PmiR二聚化的
氢键和盐桥相互作用图1

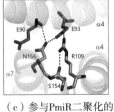

（c）参与PmiR二聚化的
氢键和盐桥相互作用图2

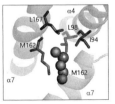

（d）疏水性相互作用
有助于PmiR二聚化1

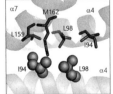

（e）疏水性相互作用
有助于PmiR二聚化2

图 6-8　PmiR 与 DNA 结合机制

注：泳道 1，PmiR-WT；泳道 2，PMIR^{R24A}；泳道 3，PMIR^{R48A}；泳道 4，PMIR^{R54A}；泳道
5，PMIR^{R58A}；泳道 6，PMIR^{H62A}；泳道 7，PMIR^{R72A}；泳道 8，PMIR^{R127A}；泳道 9，
PMIR^{R135A}；泳道 10，PMIR^{R172A}。泳道 M 表示蛋白 Marker，以 KDa 表示。

的是，有许多疏水残基（见图 6-8(d)~图6-8(e)）位于二聚化界面，例如 α4 螺旋的 I94 和 L98 以及 α7 螺旋的 L159、M162 和 L167，形成广泛的疏水相互作用。除了野生型 PmiR 蛋白，还构建了两个 PmiR 突变体蛋白，I94E/L98E 和 L159E/M162E。与野生型 PmiR 蛋白不同，这两种突变体都非常不稳定，并且在第一次 HisTrapTM 柱纯化后迅速沉淀，这表明疏水相互作用对 PmiR 的稳定性和功能很重要。

　　PmiR 同源二聚体是对称的（见图 6-9(a)），PmiR 可以结合启动子并调节各种基因的转录。大量研究表明转录因子主要使用其带正电荷的残基与 DNA 相互作用。在 PmiR 的 240 个残基中，39 个带正电荷（Arg、Lys 或 His）并集中在表面的几个不同区域。为了绘制 PmiR 对 DNA 结合的重要残基，我们对这些带正电荷的氨基酸残基进行了定点突变（见图 6-9(f)），通过 EMSA 实验测定它们与 prpB 启动子 DNA 的结合力。结果显示，与野生型 PmiR 相比较，R24、R48、R54、R58、H62、R72 和 R172 位点的氨基酸参加被单个 Ala 取代后均降低了 PmiR 与 prpB DNA 的结合能力（见图 6-9(b)）。R48、R54、R58、H62 和 R72 均属于 HTH 结构域，位于表面的 A 区（见图 6-9(c)）。来自同一 HTH 结构域的 R24 位于背面，远离任何 A 区残基。然而，发现来自伴侣分子 HTH 和 EB 结构域的 R24 和 R172 位于 B 区，在空间上非常接近 A 区（见图 6-9(c)）。基于结构分析和体外结合测定结果，我们提出了一种 PmiR 与 DNA 结合的模型（见图 6-9(d)）。

　　MIC 可抑制 PmiR 与 DNA 结合能力，为了了解其潜在的机制，我们比较了 PmiR 载脂蛋白和 MIC 结合的结构。在均方根偏差值为 0.6 Å 时，两种结构的整体折叠非常相似（见图 6-9(e)）。然而 MIC 的结合确实会引起局部残基的一些构象变化。在 apo 型结构中，D143 的侧链与 Zn^{2+} 配位结合，围绕着 C-C 键旋转约 120°，以避免与 MIC 和 PmiR 蛋白复合物中位于 1 位的羧酸基团发生冲突（见图 6-9(f)）。与 apo 形式的结构不同，139QQEGD143 在 MIC 复合物结构中不与残基 144~153 形成连续 α6 螺旋；相反它采用了扩展构象。PmiR α5 和 α6 螺旋通过一个长接头 linker-1(aa 127-138) 连接，Linker-1 在 apo 形式结构中是无序的，并且在所提出的模型中非常接近 DNA（见图 6-9(g)）。高度的灵活性可以让 linker-1 进行一定的构象排列以与 DNA 相互作用。虽然它在 MIC 复合结构中也是无序的，但与扩展的 139QQEGD143 片段连接可能会阻止 linker-1 的构象排列，导致 PmiR 与 DNA 结合能力降低。

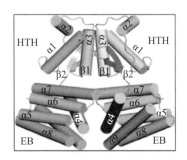

（a）apo型PmiR同型二聚体结构展示

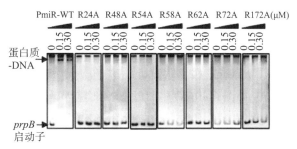

（b）EMSA显示野生型和突变PmiR蛋白与DNA结合能力

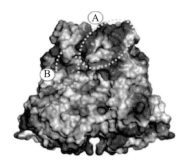

（c）PmiR同源二聚体的表面结构

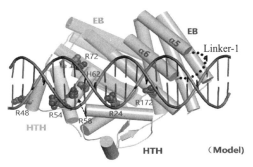

（d）PmiR同型二聚体的拟DNA结合模型

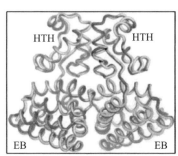

（e）apo形式和MIC复合PmiR的
整体结构的比较

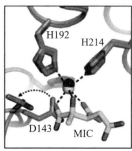

（f）叠加显示D143和139QQ
EGD143片段在apo形式和
PmiR/MIC复合物结构中
的构象变化

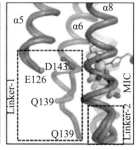

（g）叠加显示D143和139QQ
EGD143片段在apo形式和
PmiR/MIC复合物结构中
的构象变化

图 6-9　MIC 与 DNA 结合的晶体结构

注：MIC 与 DNA 结合的基础。

6.3.9 PmiR 与 FadR 同源蛋白比对

PmiR 属于 GntR 超家族。已有许多研究报道了 GntR 超家族蛋白的结构，但 PmiR 与它们都具有比较低(<40%)的序列相似性。为了更好了解 PmiR 结构和功能关系，我们将 PmiR 与 GntR 超家族之一的 FadR 亚家族进行了比较，FadR 是 GntR 超家族中研究最多的成员之一。FadR 与 PmiR 有 25% 的序列相似性(见图 6-10(a))。在四个 Zn^{2+} 配位残基中，只有一个在 FadR 中是保守的，这可能导致它们与效应物的偏好不同。除了载脂蛋白形式的结构外，还报道了 FadR 的配体结合和 DNA 结合结构，叠加显示 HTH 和 EB 结构域的整体折叠在 PmiR 和 FadR 结构中相似(见图 6-10(b))，但 FadR 的接头 1 区域较短。除了 HTH 结构域的方向外，结构分析和结合实验结果也表明参与 DNA 结合的残基对于 PmiR 和 FadR 是不相同的。

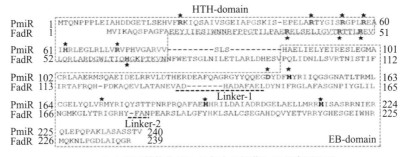

（a）基于结构化的PmiR与大肠杆菌FadR的序列比对

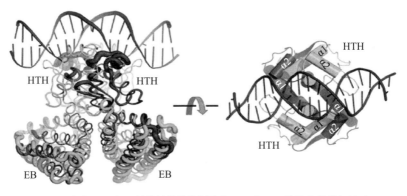

（b）HTH和EB结构域的整体折叠在PmiR和FadR结构中的叠加显示

图 6-10 PmiR 与 FadR 同源蛋白比对

6.3.10　PmiR 与 Atu1419 蛋白比对

最近有研究报道了农杆菌的 Atu1419 的结构，Atu1419 与 PmiR 具有 36% 的序列相似性(见图 6-11(a))。EB 结构域的整体折叠在 PmiR 和 Atu1419 结构中相似，但它们在两个区域显示出明显的差异(见图 6-11(b))，即 linker-1 区域和 linker-2 区域(连接 a7 和 a8 螺旋)。Atu1419 的 EB 结构域还捕获了一个 Zn^{2+} 离子，它与 apo 形式的 PmiR 结构中的一个形成相似的配位。几种 Atu1419 晶体的结晶条件含有高浓度的柠檬酸。在晶体结构中能观察到明确的柠檬酸与 Zn^{2+} 离子配位，柠檬酸采用两种不同的构象(见图 6-11(c))，但均未改变 N137 (对应于 PmiR 的 D143)和 linker-1 区残基的构象，也可以观察到 linker-2 区残基的构象变化(见图 6-11(d))；然而，与三元 Atu1419-DNA-CIT 复合物(见图 6-11(e))的比较表明，柠檬酸对 DNA 结合没有影响，并且不是 Atu1419 的天然效应物。在效应物结合后，FadR 结构的 linker-2 区域也会发生构象变化。

6.4　讨论

细菌已经进化出不同类型的信号转导系统，包括转录调节因子、双组分系统和化学感应通路，使它们能够适应广泛的环境变化[136-137]。重要的是，已经在许多细菌中报道了代谢感应和细菌反应之间的相互作用。在肠出血性大肠杆菌中，Cra 转录因子可感知琥珀酸以激活毒力因子的表达[138]。有研究表明，PrpR 可能感知丙酸盐的小分子代谢物，而不是丙酸盐本身作为激活操纵子的信号[139]。PrpR 蛋白已被确定为 2-甲基柠檬酸的受体，调节肠沙门氏菌中丙酸的分解代谢[56]。也有研究表明 PrpR 可感知辅酶 A 或酰基辅酶 A 以调节结核分枝杆菌中的基因转录[122]。铜绿假单胞菌还可通过 TlpQ、PctA 和 PctC 化学感受器表现出对组胺的趋化性[140]。此外，最近的一项研究表明，组胺通过激活 HinK 来促进铜绿假单胞菌的毒力[141]。这些研究表明铜绿假单胞菌可通过代谢状态感知环境信号调节自身的毒力以对抗宿主免疫系统的变化。

在本章中，通过对 PmiR 进行相应的截短，解析出 PmiR 与 MIC 二元复合物的晶体结构，而且通过 EMSA 和 ITC 实验验证了经过截短的 PmiR 蛋白不影响其与 DNA 和 MIC 的结合；通过对截短 PmiR 和 MIC 的晶体结构解析，分析出位于 D143、H147、H192、H214、R95、R184 和 S218 位点的保守氨基酸残基可能在 PmiR 与 MIC 和 DNA 结合中起着关键作用，为了验证这些位点的作

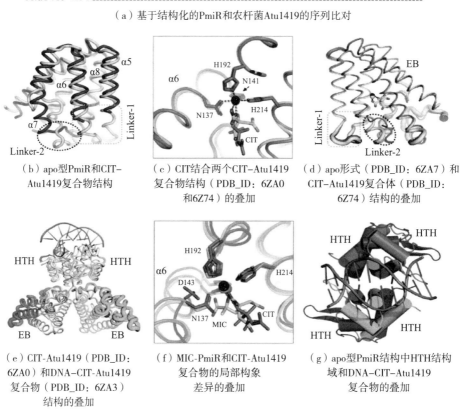

（a）基于结构化的PmiR和农杆菌Atu1419的序列比对

（b）apo型PmiR和CIT-Atu1419复合物结构

（c）CIT结合两个CIT-Atu1419复合物结构（PDB_ID：6ZA0和6Z74）的叠加

（d）apo形式（PDB_ID：6ZA7）和CIT-Atu1419复合体（PDB_ID：6Z74）结构的叠加

（e）CIT-Atu1419（PDB_ID：6ZA0）和DNA-CIT-Atu1419复合物（PDB_ID：6ZA3）结构的叠加

（f）MIC-PmiR和CIT-Atu1419复合物的局部构象差异的叠加

（g）apo型PmiR结构中HTH结构域和DNA-CIT-Atu1419复合物的叠加

图 6-11　PmiR 与 Atu1419 同源蛋白比对

用，我们对其进行了定点突变，纯化出相应的突变蛋白，通过 EMSA 和 ITC 实验结果表明 H147A、H214A、R95A、H192A、R184A 和 S218A 突变的蛋白不能有效地与 MIC 结合。然而 D143A 突变蛋白显示出比野生型 PmiR 蛋白更强的结合力；还对这些突变位点构建了相应的回补质粒，将其电转入 ΔpmiR 中，对其通过绿脓菌素的产生和 *lux* 发光实验的检测发现 H147A、H214A、R95A、

H192A、R184A 和 S218A 突变的菌株其绿脓菌素的水平与 ΔpmiR 一致，D143A 与野生型 PAO1 一致，发光检测也得到了相同的结论。总之，从体内和体外实验均说明 D143A、H147A、H214A、R95A、H192A、R184A 和 S218A 对稳定 PmiR 与 MIC 和 DNA 的结构和活性至关重要。

　　GntR 家族蛋白在序列上具有一定的保守性，因此对 PmiR 和已报道的一些 GntR 家族蛋白我们进行了序列比对。结果发现 FadR 与 PmiR 只有 25% 的序列相似性，说明虽然同属于一个家族，但是它们在整体进化上相距较远，也说明为了适应环境各亚家族在进化发生了较大的变化[65]。还对 PmiR 与农杆菌 Atu1419 进行了比对，发现具有 36% 的序列相似性，其 EB 结构域的整体折叠在 PmiR 和 Atu1419 结构中相似。通过 PmiR 与 FadR 和 Atu1419 比对发现 FadR 和 Atu1419 通过其 HTH 结构域以对称方式结合 DNA，EB 结构域的效应子诱导的构象变化不会直接阻断 FadR 或 Atu1419 对靶 DNA 的识别；相反它们主要通过抑制靶 DNA 转录的变构机制发挥作用。Atu1419 和 FadR 的识别 DNA 序列分别为 5′-ATGTATACAT-3′ 和 5′-TGGTNxACCA-3′。PmiR 虽然也属于 GntR 超家族，但它识别的 DNA 序列非常不同。独特的效应物结合和构象变化都表明 PmiR 不同于 Atu1419、FadR 和许多其他 GntR 成员，PmiR 与效应物结合不是间接变构机制，而是以不对称方式直接完成 DNA 结合。HTH 结构域在 Atu1419-DNA-柠檬酸的复合物和 PmiR 结构中采用不同的方向，但也不能完全排除 PmiR HTH 结构域发生构象重排并以对称方式结合 DNA 的可能性。然而，这种对称结合模式的生物学相关性需要进一步研究。

　　从结构生物学的角度证明了 PmiR 是 GntR 家族的成员，然而 MIC 的受体 PmiR 如何对该信号作出反应仍然难以捉摸。尽管它与 FadR、Atu1419 和许多其他 GntR 超家族成员在其整体折叠方面具有相似性，但结构研究表明，PmiR 在效应物结合区域是独特的，尤其是 Linker-1 和 Linker-2 区域。PmiR 在与效应物结合模式、相关的构象变化以及与 DNA 结合被抑制的机制方面与同源蛋白不同。

　　通过晶体结构解析 MIC 作为效应物是可以与 PmiR 的结合进而调节 DNA 的表达，EMSA 和 ITC 结合试验表明 PmiR 还识别其他效应物，例如异柠檬酸和琥珀酸。与 MIC 相比，异柠檬酸在第二位缺乏甲基，而甲基不是官能团，且异柠檬酸和 MIC 的组成和几何形状是相同的，结构相似的异柠檬酸和 MIC 结合亲和力表明第二位甲基的存在或不存在不影响 PmiR 对效应物的结合。所以 PmiR 在异柠檬酸和 MIC 结合中使用相同的模式。而琥珀酸由两个羧基和两个亚甲基组成，这种结构元件在异柠檬酸和 MIC 中都是保守的；然而由于亚甲基的高柔韧性，琥珀酸在构象变化方面更灵活，所以我们认为 PmiR 具有与琥珀酸的两个羧基结合并相互作用的能力有待进一步验证。

通过对 PmiR 与 MIC 晶体复合物结构的解析发现 PmiR 作为传感器蛋白可以感知和结合细胞内和细胞外信号分子 2-甲基异柠檬酸，进而影响复合物的构象以改变 PmiR 与介导的基因表达调控。尽管很少有人对 2-甲基异柠檬酸作为细菌的信号分子进行研究。然而，已有研究表明 2-甲基异柠檬酸的类似物 2-甲基柠檬酸、琥珀酸[142] 作为信号分子。我们的研究结果也证实，PmiR 可以感知 2-甲基异柠檬酸并适当调节 2-MCC 基因簇和相关毒力基因的表达。此外，PmiR 与 MIC 的晶体结构揭示了 PmiR 介导的毒力因子响应信号分子调节的潜在机制。因此以上研究说明 PmiR 在应对外源性和细胞内信号以应对感染期间不断变化的环境中的重要作用。

总之，PmiR 与 MIC 晶体结构的解析进一步详细揭示了 PmiR 如何感应信号分子 MIC，通过与 MIC 的结合来诱导蛋白质构象变化，进而调节与其作用的 DNA 的表达。PmiR 与 MIC 晶体复合物结构的解析，可为后续 GntR 家族其他蛋白晶体结构的解析和大量筛选配体提供参考。

第 7 章 PmiR 抑制铜绿假单胞菌对小鼠的致病性

群体感应(QS)指细菌响应周围微生物群落的细胞密度和物种组成的变化而改变菌体行为。QS 由细菌产生并释放一些小的化学信号,在种群高密度下,收集信号然后与同源受体结合,促进许多靶基因的表达,包括编码毒力因子产生的基因[37]。与此一致,QS 的突变体在体内表现出生物膜降低、毒力因子减少,比如绿脓菌素、凝集素和鼠李糖脂等[129]。前面的研究证实,PmiR 也参与了 QS 系统调控,而且 pmiR 的缺失增加了铜绿假单胞菌中 PQS、绿脓菌素的产生和运动能力,表明 PmiR 参与铜绿假单胞菌毒力。为了进一步研究 PmiR 的发病机制,本研究将构建小鼠急性肺炎感染模型,以野生型 PAO1、ΔpmiR 及其回补菌株为研究对象观察其在小鼠体内的生存率和对肺部的影响等;同时为了阐明 PmiR 可通过调控 pqs 相关基因进而影响小鼠的致病性,将 ΔpmiRΔpqsR 双敲除菌株感染小鼠,从体内实验方面阐明 PmiR 是否通过调控 pqs 相关基因参与铜绿假单胞菌毒力,还将进一步研究 PmiR 是否参与对炎性因子和细胞焦亡标志物的调节,是否通过 STAT3/NF-κB 信号通路加重小鼠的炎症反应和细胞焦亡,最终阐明 PmiR 的致病机制。

7.1 实验材料

7.1.1 菌株和质粒

本章用到的菌株和质粒见附录 B。

7.1.2 实验材料和试剂

CCK-8 检测试剂盒(Abcam),苏木精和伊红染液(sigma),二氢二氯荧光素二乙酸酯(H₂DCF)染料(Life Technologies),NBT 染料(Sigma),RIPA 裂解液(Thermo)。本实验所用的小鼠符合国家和西北大学实验动物指导规定。

7.2 实验方法

7.2.1 小鼠急性肺炎感染实验

(1)将野生型菌株 PAO1、突变菌株 $\Delta pmiR$ 及其互补菌株 $\Delta pmiR$/p-$pmiR$ LB 过夜培养后,以 1% 比例转接至新鲜液体培养基,220 r/min,37 ℃摇菌至 OD_{600} 为 0.6~0.8。

(2)收集菌体,12 000 r/min 离心 2min,弃上清,用 PBS 缓冲液重悬菌体至 2×10^7 菌落形成单位(CFU),本实验采用 6~8 周龄 C57BL/6J 小鼠,对小鼠麻醉后,将不同菌株分别鼻内接种在小鼠中,对照组滴入同等量的 PBS。每组六只小鼠,监测不同组小鼠在 12 h、24 h、36 h、48 h 和 72 h 的存活情况。

7.2.2 小鼠的肺泡灌洗

(1)将不同菌株感染小鼠处死后,无菌操作分离其支气管肺泡灌洗液(BALF)和肺脏,冲洗后用匀浆器打碎,混匀于 1% 蛋白胨中,通过连续稀释后涂布于固体培养基上测定样品中的菌落数(CFU)。

(2)用 CO_2 窒息法处死小鼠,用解剖剪暴露出气管和胸腔,取出小鼠肺部,对小鼠肺部制作切片标本,用苏木精和伊红进行 HE 染色,观察小鼠肺部形态损伤和炎症反应[143]。肺部的损伤程度按照 0~4 分计分评估严重程度:0 分表示无损伤;1 分表示 25% 受伤;2 分表示 50% 受伤;3 分表示 75% 受伤;4 分表示 100% 损伤。然后根据上述参数的平均分计算肺损伤。

(3)采用细胞计数试剂盒测定法测量细胞活力。使用二氢二氯荧光素二乙酸酯染料和 NBT 染料测定活性氧(ROS)。根据之前描述的方法测量肺匀浆中的髓过氧化物酶(MPO)活性[144]。

7.2.3 蛋白免疫印迹实验

将均质化的肺组织置于冰上,用 RIPA 裂解液裂解,然后通过 SDS-PAGE 凝胶电泳分离蛋白样品,电泳完毕通过硝酸纤维素转移膜进行转膜,转膜完毕后进行封闭,后面步骤参考 4.2.2。

7.2.4 酶联免疫吸附试验(ELISA)

通过酶联免疫吸附测定被感染小鼠的血清和 BALF 中分泌的细胞因子 IL-1β、IL-6 和 TNF-α 的含量。

7.3　结果

7.3.1　PmiR 在小鼠急性肺炎模型中的作用

在铜绿假单胞菌的体外表型实验中，敲除 *pmiR* 导致绿脓菌素的增加和运动能力的增强，为了验证 *pmiR* 缺失后在体内是否也有同样的致病性，我们使用小鼠急性肺炎感染模型探讨野生型 PAO1 与 *pmiR* 基因突变菌株对小鼠存活率的变化，结果如图 7-1（a）。与野生型 PAO1 相比，*pmiR* 敲除后显著降低了小鼠的存活率，其中 Δ*pmiR* 感染在 24 小时内导致小鼠死亡率高达 33.33%。相比之下，野生型 PAO1 感染小鼠的死亡率在 24 小时存活率为 61.11%，而且这种存活表型用回补菌株 Δ*pmiR*/p-*pmiR* 和 Δ*pmiR*Δ*pqsR* 双突变菌株感染小鼠

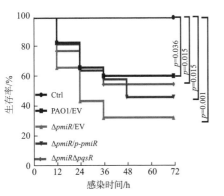

（a）*pmiR* 的缺失对铜绿假单胞菌的毒力的影响

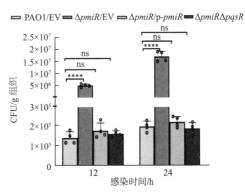

（b）小鼠肺脏

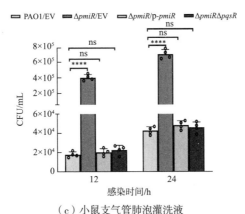

（c）小鼠支气管肺泡灌洗液

图 7-1　PmiR 在铜绿假单胞菌致病性中的作用

后能恢复至野生型水平。此外，$\Delta pmiR$ 感染小鼠 24 小时的支气管肺泡灌洗液（BALF）和肺脏中的菌落形成单位（CFU）显著高于用野生型 PAO1 或回补菌株感染的小鼠（见图 7-1（b）~（c））。以上实验结果表明 PmiR 在小鼠肺炎模型中的毒力中起重要作用，而且这种毒力作用可能通过 $pqsR$ 介导。

另外，对 PAO1、$\Delta pmiR$、$\Delta pmiR/p\text{-}pmiR$ 和 $\Delta pmiR\Delta pqsR$ 感染小鼠的肺脏进行 HE 染色，结果表明与野生型 PAO1 感染的小鼠相比，感染 $\Delta pmiR$ 小鼠的肺损伤显著增加，组织学肺损伤的定量评分也表明，与野生型 PAO1 感染的小鼠相比，$\Delta pmiR$ 感染的小鼠肺脏损伤显著加重，而 $\Delta pmiR\Delta pqsR$ 双敲除菌株的肺损伤评分与 WT PAO1 相近（见图 7-2（a）~图 7-2（b））。

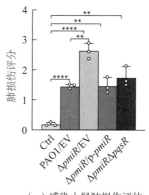

（a）感染小鼠肺损伤评估

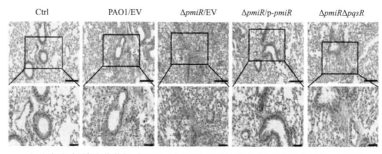

（b）铜绿假单胞菌菌株感染 24 小时后通过苏木精和伊红染色评估肺损伤图

图 7-2 $pmiR$ 缺失增强了铜绿假单胞菌对小鼠肺部的感染

注：（a）图分别以 0~4 分进行评分：无损伤 = 0 分；1/4 受伤 = 1 分；1/2 受伤 = 2 分；3/4 受伤 = 3 分；100% 损伤 = 4 分。（b）图比例尺：1 000 μm（顶部；原始放大倍数，×20）和 1 000 μm（底部；原始放大倍数，×40）。

除此外，使用细胞计数试剂盒-8(CCK-8)对感染小鼠肺泡巨噬细胞的细胞活力进行计数，与 WT PAO1 感染相比，$\Delta pmiR$ 感染后细胞活力明显降低(见图 7-3(a))。据报道，细菌感染会诱导 ROS 产生，而 ROS 的高水平积累可能会损害细胞器和细胞功能障碍，从而导致组织损伤。为了评估受感染小鼠细胞中 ROS 的水平，从感染上述菌株的小鼠中分离出巨噬细胞，并通过定量超氧化物的灵敏荧光方法分析其氧化水平，结果表明与 PAO1 感染的小鼠相比，$\Delta pmiR$ 感染的小鼠的氧化水平增加了约二倍(见图 7-3(b))；此外，通过使用硝基蓝四唑(NBT)检测髓过氧化物酶(MPO)活性测定 $pmiR$ 缺失后的 ROS 水平，与 H_2DCF 测定法结果相似(见图 7-3(c))，由于髓过氧化物酶活性反映了中性粒细胞的 ROS 的水平，在感染后的肺组织匀浆中进行了 MPO 测定，观察

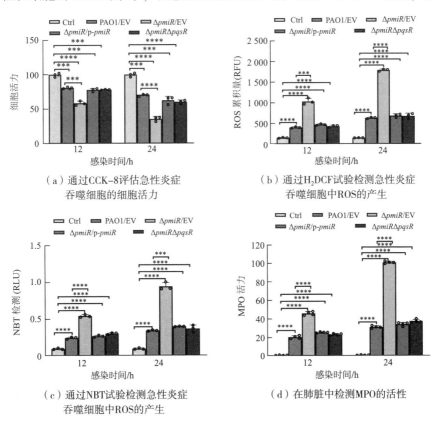

（a）通过CCK-8评估急性炎症
吞噬细胞的细胞活力

（b）通过H_2DCF试验检测急性炎症
吞噬细胞中ROS的产生

（c）通过NBT试验检测急性炎症
吞噬细胞中ROS的产生

（d）在肺脏中检测MPO的活性

图 7-3　$pmiR$ 缺失加重了铜绿假单胞菌感染后的氧化能力

注：误差线表示三个独立重复。采用方差分析 Dunnett 的多重比较进行统计分析。

$^*p<0.05,^{**}p<0.01,^{***}p<0.001,^{****}p<0.0001$。

到 $\Delta pmiR$ 与 PAO1 或回补菌株感染的肺中 MPO 的水平相比较显著增加（见图 7-3(d)），而 $\Delta pmiR\Delta pqsR$ 双敲除菌株的 ROS 和 MPO 水平与 WT PAO1 相近。总之，以上实验结果表明 PmiR 通过氧化应激和炎症反应加重了铜绿假单胞菌对小鼠的毒力。

7.3.2 PmiR 通过 STAT3/NF-κB 信号通路加重炎症反应

为了研究 PmiR 是否参与调节炎症反应，在感染小鼠 24 h 后测量了 BALF 中的关键炎症细胞因子如 TNF-α、IL-1β 和 IL-6 以分析炎症情况，结果如图 7-4(a)~(c)所示，表明 pmiR 缺失后增强了小鼠炎症反应。此外，进一步通过免疫印迹分析证实炎症细胞因子 TNF-α、IL-1β 和 IL-6 的表达量在 pmiR

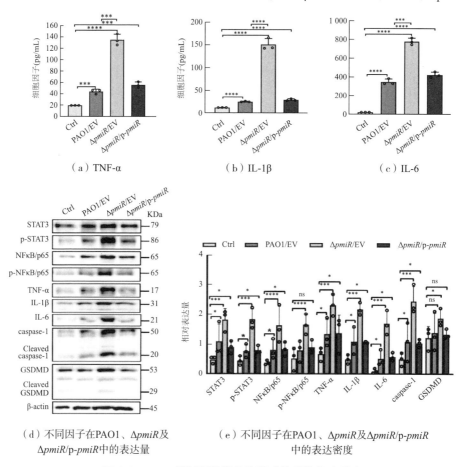

（a）TNF-α　　　　　　（b）IL-1β　　　　　　（c）IL-6

（d）不同因子在PAO1、$\Delta pmiR$ 及　　　（e）不同因子在PAO1、$\Delta pmiR$ 及 $\Delta pmiR$/p-$pmiR$
$\Delta pmiR$/p-$pmiR$中的表达量　　　　　　　　中的表达密度

图 7-4　PmiR 抑制铜绿假单胞菌感染后的炎症反应

注：$^*p<0.05$，$^{**}p<0.01$，$^{***}p<0.001$，$^{****}p<0.0001$，ns 表示没有差异。

缺失菌株相对于野生型 PAO1 和回补菌株显著增加(见图 7-4(d))。为了进一步评估 PmiR 在炎性通路中的重要性,通过蛋白质印迹实验发现与野生型 PAO1 感染的小鼠相比,ΔpmiR 感染的小鼠中细胞焦亡标志物 caspase-1 和 GSDMD 表达量增加(见图 7-4(d)~(e)),这与感染小鼠肺脏的炎性细胞因子的结果保持一致。

有研究表明宿主中的 STAT3/NF-κB 信号通路被激活可促进促炎细胞因子的表达并改变铜绿假单胞菌感染的细胞焦亡[145]。为了确定 PmiR 介导的毒力改变是否受 STAT3 和 NF-κB 调节,再次通过蛋白质免疫印迹法定量检测了 STAT3 和 NF-κB 在 PAO1、ΔpmiR 及其回补菌株中的表达水平(见图 7-4(d)~(e)),结果显示 STAT3 和 NF-κB 在 ΔpmiR 表达量显著高于 PAO1 菌株,表明 PmiR 可能通过 STAT3/NF-κB 信号通路下调小鼠的细胞焦亡和炎症反应。

7.3.3　PmiR 调控铜绿假单胞菌 2-MCC 代谢和毒力示意图

在本研究中,针对铜绿假单胞菌中 2-MCC 代谢途径和 PmiR 响应 MIC 及其类似物信号分子参与调控细菌代谢和毒力进行了深入研究并绘制了模型示意图,结果如图 7-5 所示。从图中看出 GntR 家族蛋白 PmiR 响应 MIC 及其类似物异柠檬酸、琥珀酸信号分子,与其结合后 PmiR 蛋白构象改变,进而调节 2-甲基柠檬酸循环代谢关键酶基因 prpB、prpC、prpD 和 pqs 系统相关基因的表达,进而参与铜绿假单胞菌毒力。

7.4　讨论

铜绿假单胞菌是引起成人囊性纤维化(CF)的主要病原体,大约四分之三的 CF 患者感染了该菌[146]。铜绿假单胞菌在 CF 肺内的存活取决于细菌毒性因子和宿主免疫反应之间的对抗。在某种程度上,呼吸道和肺脏部位铜绿假单胞菌的存活可能取决于是否能成功逃避宿主的先天免疫应答[147]。铜绿假单胞菌毒力因子以多种方式直接干扰中性粒细胞介导的细菌清除。例如,通过铜绿假单胞菌Ⅲ型分泌系统产生的外毒素直接裂解中性粒细胞[148];绿脓菌素也可诱导中性粒细胞凋亡[149]。这些毒力因子的表达均由 QS 调节,QS 是通过产生可扩散信号分子(即自诱导物)由细菌密度激活的转录控制机制进行调节,QS 缺失的铜绿假单胞菌显示出弱毒力[150]。因此研究保护铜绿假单胞菌免受炎症、富含中性粒细胞的 CF 肺损害的一些细菌因素非常重要。

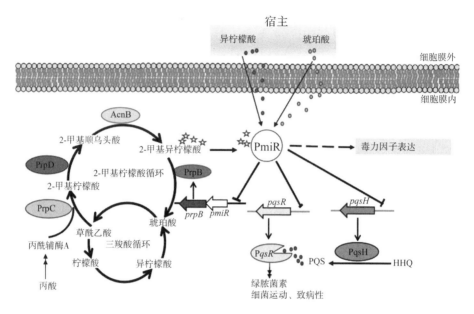

图 7-5　铜绿假单胞菌 PmiR 调控 2-MCC 代谢和 pqs 系统模型

注：PmiR 感知代谢中间体参与调节铜绿假单胞菌 2-MCC、pqs 系统和毒力因子表达的模型示意图。本研究中我们确定了 2-MCC 的代谢通路，并证明 PmiR 直接抑制铜绿假单胞菌中 2-MCC 和 pqs 系统相关基因的表达。PmiR 作为受体可以结合并感知 MIC 及其类似物如琥珀酸和异柠檬酸（由铜绿假单胞菌产生或来自细胞宿主）以调节毒力因子。箭头表示正调节，T-bar 表示负调节。

　　本研究的生存实验表明，与野生型 PAO1 相比，ΔpmiR 感染显著降低了小鼠的存活率，其中 ΔpmiR 在 24 小时内感染小鼠死亡高达 33.33%，WT PAO1 24 h 存活率为 61.11%。此外，ΔpmiR 感染小鼠 24 小时肺和支气管肺泡灌洗液（BALF）中的菌落形成单位（CFU）、小鼠肺损伤和炎症细胞也显著高于用 WT PAO1 感染的小鼠。且组织学肺损伤的定量评分表明，与 WT PAO1 感染的小鼠相比，ΔpmiR 感染的小鼠表现出显著加重。此外，使用 CCK-8 试剂盒计数从小鼠分离的肺泡巨噬细胞（AM）的细胞活力与 WT PAO1 感染相比，Δ*pmiR* 菌株感染后明显降低。重要的是，以上这些实验通过用回补菌株 Δ*pmiR*/p-*pmiR* 或 Δ*pmiR*Δ*pqsR* 双突变菌株感染能恢复至野生型水平。另外本课题组前期研究发现同属于 GntR 家族的 MpaR，也可以直接调节 *pqsR*[126]。说明 *pqsR* 的存在和表达对于 PAO1 对宿主细胞的毒力是必不可少的。以上结果表明 PmiR 在小鼠急性肺炎模型中的毒力中起重要作用，并且可能是由 *pqsR* 介导发挥的作用。为了进一步了解 PmiR 在动物模型中的机制和意义，我们对小鼠进行了扩展实验。免疫印迹实验表明，与对照小鼠相比，$\Delta pmiR$ 感染小鼠的肺炎肺组织中炎症因子(TNF-α、IL-1β 和 IL-6)和焦亡标志物(caspase-1 和 GSDMD)的表达显著增加。这说明 PmiR 作为抑制毒力因子基因 pqsR 活性的抑制剂，未能在宿主细胞中诱导炎症反应和细胞焦亡。

体外试验也表明，PmiR 可直接抑制 *pqsR* 的表达，结合体内研究，$\Delta pmiR\Delta pqsR$ 双突变体逆转了 $\Delta pmiR$ 突变株感染的疾病表型，包括小鼠存活、肺部和 BALF 中的细菌负荷、组织损伤和炎症反应。这些重要研究结果表明，PmiR 通过潜在的 PmiR-PqsR 影响在与宿主反应的毒力中发挥关键作用。

目前的工作揭示了 PmiR 调节 pqs 的重要机制，对 $\Delta pmiR$ 单突变体和 $\Delta pmiR\Delta pqsR$ 双突变体的动物实验进一步巩固了 *pqsR* 在感染宿主细胞期间促进 PAO1 毒力的不可或缺的作用。结合体外结果分析，推测激活的 PmiR 在体内直接抑制了 pqs 相关基因的表达，从而直接削弱了对宿主细胞的毒力。

总之，这项研究揭示了 PmiR 通过感知环境或宿主内 MIC 以调节铜绿假单胞菌中毒力相关基因的表达。这些发现有助于更好地理解细菌感知的环境信号与随后的宿主反应之间的相互作用，同时为其他细菌是否具有这种机制提供了参考。

7.5　总结

发现并确定了铜绿假单胞菌中 2-MCC 代谢途径，深入探讨了 GntR 家族调控蛋白 PmiR 的功能与作用机制，揭示了 PmiR 响应 MIC 信号分子进而在调控 2-MCC、pqs 系统以及细菌毒力等方面发挥重要作用。同时，晶体实验和定点突变实验解析出对 MIC 激活 PmiR 变构至关重要的氨基酸残基。我们还证明了 PmiR 通过抑制 pqs 群体感应系统，抑制绿脓菌素的产生进而减弱铜绿假单胞菌的致病性。总之，本研究确定 PmiR 是调节 2-MCC 和细菌毒力基因表达以适应复杂环境的重要代谢传感器，同时 PmiR 对细菌致病性影响的研究将为铜绿假单胞菌感染的防治提供新思路。

参考文献

[1] RASMUS L M, LEA M S, LARS J, et al. Evolutionary insight from whole-genome sequencing of *Pseudomonas aeruginosa* from cystic fibrosis patients. [J]. Future Microbiol, 2015, 10(4): 599-611.

[2] DADDAOUA A, MOLINA-SANTIAGO C, de la Torre J, et al. GtrS and GltR form a two-component system: the central role of 2-ketogluconate in the expression of exotoxin A and glucose catabolic enzymes in *Pseudomonas aeruginosa* [J]. Nucleic Acids Research, 2014, 42(12): 7654-7663.

[3] GELLATLY S L, HANCOCK E R.*Pseudomonas aeruginosa*: new insights into pathogenesis and host defenses [J]. Pathogens and disease, 2013, 67(3): 159-173.

[4] MATTHEW C W, BRIDGET R. Conservation of genome content and virulence determinants among clinical and environmental isolates of *Pseudomonas aeruginosa* [J]. Proceedings of the National Academy of Sciences, 2003, 100: 8484-8489.

[5] STOVER C K, PHAM X Q, ERWIN A L, et al. Complete genome sequence of *Pseudomonas aeruginosa* PAO1, an opportunistic pathogen [J]. Nature, 2000, 406(6799): 959-964.

[6] EGON A O, JONATHAN P A, ALAN R H. Characterization of the core and accessory genomes of *Pseudomonas aeruginosa* using bioinformatic tools Spine and AGEnt [J]. BMC Genomics, 2014, 15(1): 737.

[7] SUBEDI D, KOHLI G S, VIJAY A K, et al. Accessory genome of the multi-drug resistant ocular isolate of *Pseudomonas aeruginosa* PA34 [J]. PloS One, 2019, 14(4): e0215038.

[8] SOUSA DE T, HEBRAUD M, DAPKEVICIUS M, et al. Genomic and metabolic characteristics of the pathogenicity in *Pseudomonas aeruginosa* [J]. International Journal of Molecular Sciences, 2021, 22(23): 12892.

[9] BRINKMAN F S L, WINSOR G L, DONE R E, et al. The *Pseudomonas aeruginosa* whole genome sequence: A 20th anniversary celebration [J]. Advances in Microbial Physiology, 2021, 79: 25-88.

[10] CROUSILLES A, MAUNDERS E, BARTLETT S, et al. Which microbial factors really are important in *Pseudomonas aeruginosa* infections? [J]. Future Microbiology, 2015, 10(11): 1825-1836.

[11] XU Y B, HEATH R J, LI Z M, et al. The FadR DNA complex transcriptional control of fatty acid metabolism in *Escherichia coli* [J]. Journal of Biological Chemistry, 2001, 276(20): 17373-17379.

[12] LAU G W, HASSETT D J, RAN H, et al. The role of pyocyanin in *Pseudomonas aeruginosa* infection [J]. Trends in Molecular Medicine, 2004, 10(12): 599-606.

[13] DEZIEL E, LEPINE F, MILOT S, et al. Analysis of *Pseudomonas aeruginosa* 4-hydroxy-2-alkylquinolines (HAQs) reveals a role for 4-hydroxy-2-heptylquinoline in cell-to-cell communication [J]. Proceedings of the National Academy of Sciences of the United States of America, 2004, 101(5): 1339-1344.

[14] MONTAGUT E J, MACRO M P. Biological and clinical significance of quorum sensing alkylquinolones: current analytical and bioanalytical methods for their quantification [J]. Analytical Bioanalytical Chemistry, 2021, 413(1): 1-20.

[15] GALLAGHER L A, MCKNIGHT S L, KUZNETSOVA M S, et al. Functions required for extracellular quinolone signaling by *Pseudomonas aeruginosa* [J]. Journal of Bacteriology, 2002, 184(23): 6472-6480.

[16] DUBERN J F, DIGGLE S P. Quorum sensing by 2-alkyl-4-quinolones in *Pseudomonas aeruginosa* and other bacterial species [J]. Molecular Biosystems, 2008, 4(9): 882-888.

[17] SCHERTZER J W, BOULETTE M L, WHITELEY M. More than a signal: non-signaling properties of quorum sensing molecules [J]. Trends in Microbiology, 2009, 17(5): 189-195.

[18] FRANOIS L, MILOT S, ERIC D, et al. Electrospray/mass spectrometric identification and analysis of 4-hydroxy-2-alkylquinolines (HAQs) produced by

Pseudomonas aeruginosa [J]. Journal of the American Society for Mass Spectrometry, 2004, 15(6): 862-869.

[19] DIGGLE S P, WINZER K, CHHABRA S R, et al. The *Pseudomonas aeruginosa* quinolone signal molecule overcomes the cell density-dependency of the quorum sensing hierarchy, regulates rhl-dependent genes at the onset of stationary phase and can be produced in the absence of LasR [J]. Molecular Microbiology, 2003, 50(1): 29-43.

[20] FARROW J M, SUND Z M, ELLISON M L, et al. PqsE functions independently of PqsR-Pseudomonas quinolone signal and enhances the rhl quorum-sensing system [J]. Journal of Bacteriology, 2008, 190 (21): 7043-7051.

[21] CAMILLI A, BASSLER B L. Bacterial small-molecule signaling pathways [J]. Science, 2006, 311(5764): 1113-1116.

[22] WADE D S, CALFEE M W, ROCHA E R, et al. Regulation of Pseudomonas quinolone signal synthesis in *Pseudomonas aeruginosa* [J]. Journal of Bacteriology, 2005, 187(13): 4372-4380.

[23] KIM H S, LEE S H, BYUN Y, et al. 6-Gingerol reduces *Pseudomonas aeruginosa* biofilm formation and virulence via quorum sensing inhibition [J]. Scientific Reports, 2015, 5: 8656.

[24] GAJIWALA K S, BURLEY S K. Winged helix proteins [J]. Current Opinion in Structural Biology, 2000, 10(1): 110-116.

[25] RIGALI S, DEROUAUX A, GIANNOTTA F, et al. Subdivision of the helix-turn-helix GntR family of bacterial regulators in the FadR, HutC, MocR, and YtrA subfamilies [J]. Journal of Biological Chemistry, 2002, 277 (15): 12507-12515.

[26] MAVRODI D V, BONSALL R F, DELANEY S M, et al. Functional analysis of genes for biosynthesis of pyocyanin and phenazine-1-carboxamide from *Pseudomonas aeruginosa* PAO1 [J]. Journal of Bacteriology, 2001, 183(21): 6454-6465.

[27] ZENG B, WANG C, ZHANG P, et al. Heat shock protein DnaJ in *Pseudomonas aeruginosa* affects biofilm formation via pyocyanin production

[J]. Microorganisms, 2020, 8(3): 395.

[28] RADA B, LETO T L. Pyocyanin effects on respiratory epithelium: relevance in *Pseudomonas aeruginosa* airway infections [J]. Trends in Microbiology, 2013, 21(2): 73-81.

[29] RADA B, GARDINA P, MYERS T G, et al. Reactive oxygen species mediate inflammatory cytokine release and EGFR-dependent mucin secretion in airway epithelial cells exposed to Pseudomonas pyocyanin [J]. Mucosal Immunology, 2011, 4(2): 158-171.

[30] MAURICE N M, BEDI B, SADIKOT R T. *Pseudomonas aeruginosa* biofilms: host response and clinical implications in lung infections [J]. American Journal of Respiratory Cell and Molecular Biology, 2018, 58(4): 428-439.

[31] HARSHEY R M. Bacterial motility on a surface: many ways to a common goal [J]. Annual Review of Microbiology, 2003, 57: 249-273.

[32] BURROWS L L. *Pseudomonas aeruginosa* twitching motility: type IV pili in action [J]. Annual Review of Microbiology, 2012, 66: 493-520.

[33] MATTICK J S. TypeIV pili and twitching motility [J]. Annual Review of Microbiology, 2002, 56: 289-314.

[34] DOERN C D, BURNHAM C. It's not easy being green: the viridans group streptococci, [22] Wade D S, Calfee M W, Rocha E R, et al. Regulation of Pseudomonas quinolone signal synthesis in *Pseudomonas aeruginosa* [J]. Journal of Bacteriology, 2005, 187(13): 4372-4380.

[35] VENTURI V. Regulation of quorum sensing in Pseudomonas [J]. FEMS Microbiology Reviews, 2006, 30(2): 274-291.

[36] MARCH ROSSELLO G A, EIROS BOUZA J M. Quorum sensing in bacteria and yeast [J]. Medicina Clínica, 2013, 141(8): 353-357.

[37] LEE J, ZHANG L. The hierarchy quorum sensing network in *Pseudomonas aeruginosa* [J]. Protein Cell, 2015, 6(1): 26-41.

[38] ISABELLE V, FOUZIA L, VALéRIE P, et al. Dimerization of the quorum sensing regulator RhlR: development of a method using EGFP fluorescence anisotropy [J]. Molecular Microbiology, 2003, 48(1): 187-198.

[39] LEE J, WU J, DENG Y, et al. A cell-cell communication signal integrates

quorum sensing and stress response [J]. Nature Chemical Biology, 2013, 9
(5): 339-343.

[40] MCKNIGHT S L, IGLEWSKI B H, PESCI C E. The Pseudomonas quinolone
signal regulates rhl quorum sensing in *Pseudomonas aeruginosa* [J]. Journal of
Bacteriology, 2000, 182(10): 2702-2708.

[41] WELSH M A, EIBERGEN N R, MOORE J D, et al. Small molecule
disruption of quorum sensing cross-regulation in *pseudomonas aeruginosa* causes
major and unexpected alterations to virulence phenotypes [J]. Journal of the
American Chemical Society, 2015, 137(4): 1510-1519.

[42] PAPENFORT K, BASSLER B L. Quorum sensing signal-response systems in
Gram-negative bacteria [J]. Nature Reviews: Microbiology, 2016, 14(9):
576-588.

[43] BARR H L, HALLIDAY N, BARRETT D A, et al. Diagnostic and prognostic
significance of systemic alkyl quinolones for *P. aeruginosa* in cystic fibrosis: A
longitudinal study [J]. Journal of Cystic Fibrosis, 2017, 16(2): 230-238.

[44] KUMARI A, PASINI P, DAUNERT S. Detection of bacterial quorum sensing
N-acyl homoserine lactones in clinical samples [J]. Analytical and
Bioanalytical Chemistry, 2008, 391(5): 1619-1627.

[45] HORSWILL A R, DUDDING A R, ESCALANTE-SEMERENA C J. Studies of
propionate toxicity in *Salmonella enterica* identify 2-methylcitrate as a potent
inhibitor of cell growth [J]. Journal of Biological Chemistry, 2001, 276(22):
19094-19101.

[46] DOLAN S K, WIJAYA A, GEDDIS S M, et al. Loving the poison: the
methylcitrate cycle and bacterial pathogenesis [J]. Microbiology (Reading),
2018, 164(3): 251-259.

[47] LIMENITAKIS J, OPPENHEIM R D, CREEK D J, et al. The 2-methylcitrate
cycle is implicated in the detoxification of propionate in *Toxoplasma gondii*
[J]. Molecular Microbiology, 2013, 87(4): 894-908.

[48] ROCCO C J, ESCALANTE-SEMERENA J C. In *Salmonella enterica*, 2-
methylcitrate blocks gluconeogenesis [J]. Journal of Bacteriology, 2010, 192
(3): 771-778.

[49] BROCK M, BUCKEL W. On the mechanism of action of the antifungal agent propionate [J]. European Journal of Biochemistry, 2004, 271 (15): 3227-3241.

[50] TAKESHI, TABUCHI, NOBUFUSA, et al. A novel pathway for the partial oxidation of propionyl-CoA to pyruvate via seven-carbon tricarboxylic acids in yeasts [J]. Agricultural Biological Chemistry 1974, 38(12): 2571-2572.

[51] LONDON R E, ALLEN D L, GABEL S A, et al. Carbon-13 nuclear magnetic resonance study of metabolism of propionate by *Escherichia coli* [J]. Journal of Bacteriology, 1999, 181(11): 3562-3570.

[52] HORSWILL A R, ESCALANTE-SEMERENA J C.*Salmonella typhimurium* LT2 catabolizes propionate via 2MC [J]. Journal of Bacteriology, 1999, 181(18): 5615-5623.

[53] HORSWILL A R, ESCALANTE-SEMERENA J C. The *prpE* gene of *Salmonella typhimurium* LT2 encodes propionyl-CoA synthetase [J]. Microbiology (Reading), 1999, 145 (6): 1381-1388.

[54] CATENAZZI M C, JONES H, WALLACE I, et al. A large genomic island allows *Neisseria meningitidis* to utilize propionic acid, with implications for colonization of the human nasopharynx [J]. Molecular Microbiology, 2014, 93 (2): 346-355.

[55] DUBEY M K, BROBERG A, JENSEN D F, et al. Role of the methylcitrate cycle in growth, antagonism and induction of systemic defence responses in the fungal biocontrol agent *Trichoderma atroviride* [J]. Microbiology (Reading), 2013, 159(Pt 12): 2492-2500.

[56] PALACIOS S, ESCALANTE-SEMERENA J C. 2-Methylcitrate-dependent activation of the propionate catabolic operon (*prpBCDE*) of *Salmonella enterica* by the PrpR protein [J]. Microbiology (Reading), 2004, 150(Pt 11): 3877-3887.

[57] PLASSMEIER J K, BUSCHE T, MOLCK S, et al. A propionate-inducible expression system based on the *Corynebacterium glutamicum prpD*2 promoter and PrpR activator and its application for the redirection of amino acid biosynthesis pathways [J]. Journal of Biotechnology, 2013, 163 (2):

225-232.

［58］ZHENG C, YU Z, DU C, et al. 2-Methylcitrate cycle: a well-regulated controller of *Bacillus sporulation* ［J］. Environmental Microbiology, 2020, 22 (3): 1125-1140.

［59］YAN Y, WANG H, ZHU S Y, et al. The methylcitrate cycle is required for development and virulence in the rice blast ［J］. Molecular Plant-Microbe Interactions, 2019, 32(9): 1148-1161.

［60］FENG J, HE L, XIAO X, et al. Methylcitrate cycle gene MCD is essential for the virulence of *Talaromyces marneffei* ［J］. Medical Mycology, 2020, 58(3): 351-361.

［61］FLYNN J M, NICCUM D, DUNITZ J M, et al. Evidence and role for bacterial mucin degradation in cystic fibrosis airway disease ［J］. PLoS Pathogens, 2016, 12(8): e1005846.

［62］HOSKISSON P A, RIGALI S. Advances inapplied microbiology ［M］. Burlington: Academic Press, 2009.

［63］SUVOROVA I A, KOROSTELEV Y D, GELFAND M S. GntRfamily of bacterial transcription factors and their DNA binding motifs: structure, positioning and co-evolution ［J］. Plos One, 2015, 10(7): e0132618.

［64］HOSKISSON P A, RIGALI S. Chapter 1: Variation in form and function the helix-turn-helix regulators of the GntR superfamily ［J］. Advances in Applied Microbiology, 2009, 69: 1-22.

［65］LIU G F, WANG X X, SU H Z, et al. Progress on the GntR family transcription regulators in bacteria ［J］. Yi Chuan, 2021, 43(1): 66-73.

［66］JAIN D. Allosteric control of transcriptionin GntR family of transcription regulators: A structural overview ［J］. IUBMB Life, 2015, 67(7): 556-563.

［67］ARAVIND L, ANANTHARAMAN V, BALAJI S, et al. The many faces of the helix-turn-helix domain: transcription regulation and beyond ［J］. FEMS Microbiology Reviews, 2005, 29(2): 231-262.

［68］FILLENBERG S B, GRAU F C, SEIDEL G, et al. Structural insight into operator dre-sites recognition and effector binding in the GntR/HutC transcription regulator NagR ［J］. Nucleic Acids Research, 2015, 43(2):

1283-1296.

[69] DEEPTI J, DEEPAK T N. Spacing between core recognition motifs determines relative orientation of AraR monomers on bipartite operators [J]. Nucleic Acids Research, 2013, 41(1): 639-647.

[70] SHI W, KOVACIKOVA G, LIN W, et al. The 40-residue insertion in *Vibrio cholerae* FadR facilitates binding of an additional fatty acyl-CoA ligand [J]. Nature Communication, 2015, 6: 6032.

[71] RAMAN N, BLACK P N, DIRUSSO C C. Characterization of the fatty acid-responsive transcription factor FadR. Biochemical and genetic analyses of the native conformation and functional domains [J]. Journal of Biological Chemistry, 1997, 272(49): 30645-30650.

[72] VINDAL V, SUMA K.RANJAN A. GntR family of regulators in *Mycobacterium smegmatis*: a sequence and structure based characterization [J]. BMC Genomics, 2007, 8: 289-301.

[73] COLE S T, EIGLMEIER K, PARKHILL J, et al. Massive gene decay in the leprosy bacillus [J]. Nature, 2001, 409(6823): 1007-1011.

[74] DICKSON R, WEISS C, HOWARD R J, et al. Reconstitution of higher plant chloroplast chaperonin 60 tetradecamers active in protein folding [J]. Journal of Biological Chemistry, 2000, 275(16): 11829-11835.

[75] TEICHMANN S A, BABU M M. Gene regulatory network growth by duplication [J]. Nature Genetics, 2004, 36(5): 492-496.

[76] HOSKISSON P A, RIGALI S, FOWLER K, et al. DevA, a GntR-like transcriptional regulator required for development in *Streptomyces coelicolor* [J]. Journal of Bacteriology, 2006, 188(14): 5014-5023.

[77] HORSWILL A R, ESCALANTE-SEMERENA J C. Propionate catabolism in *Salmonella typhimurium* LT2: two divergently transcribed units comprise the *prp* locus at 8.5 centisomes, *prpR* encodes a member of the sigma-54 family of activators, and the *prpBCDE* genes constitute an operon [J]. Journal of Bacteriology, 1997, 179(3): 928-940.

[78] SUVOROVA I A, RAVCHEEV D A, GELFAND M S. Regulation and evolution of malonate and propionate catabolism in proteobacteria [J]. Journal

of Bacteriology, 2012, 194(12): 3234-3240.

[79] BRUNE I, BRINKROLF K, KALINOWSKI J, et al. The individual and common repertoire of DNA-binding transcriptional regulators of *Corynebacterium glutamicum*, *Corynebacterium efficiens*, *Corynebacterium diphtheriae* and *Corynebacterium jeikeium* deduced from the complete genome sequences [J]. BMC Genomics, 2005, 6: 86.

[80] PLASSMEIER J, PERSICKE M, PUHLER A, et al. Molecular characterization of PrpR, the transcriptional activator of propionate catabolism in *Corynebacterium glutamicum* [J]. Journal of Biotechnology, 2012, 159(1): 1-11.

[81] MASIEWICZ P, BRZOSTEK A, WOLANSKI M, et al. A novel role of the PrpR as a transcription factor involved in the regulation of methylcitrate pathway in *Mycobacterium tuberculosis* [J]. Plos One, 2012, 7(8): e43651.

[82] MASIEWICZ P, WOLANSKI M, BRZOSTEK A, et al. Propionate represses the *dnaA* gene via the methylcitrate pathway-regulating transcription factor, PrpR, in *Mycobacterium tuberculosis* [J]. Antonie van Leeuwenhoek, 2014, 105(5): 951-959.

[83] LEE S K, NEWMAN J D, KEASLING J D. Catabolite repression of the propionate catabolic genes in *Escherichia coli* and *Salmonella enterica*: evidence for involvement of the cyclic AMP receptor protein [J]. Journal of Bacteriology, 2005, 187(8): 2793-2800.

[84] DIRUSSO C C, NYSTROM T. The fats of *Escherichia coli* during infancy and old age: regulation by global regulators, alarmones and lipid intermediates [J]. Molecular Microbiology, 1998, 27(1): 1-8.

[85] HENRY M F, JR J E. *Escherichia coli* transcription factor that both activates fatty acid synthesis and represses fatty acid degradation [J]. Journal of Molecular Biology, 1992, 222(4): 843-849.

[86] TRUONG-BOLDUC Q C, HOOPER D C. The transcriptional regulators NorG and MgrA modulate resistance to both quinolones and beta-lactams in *Staphylococcus aureus* [J]. Journal of Bacteriology, 2007, 189(8): 2996-3005.

[87] BLANCATO V S, REPIZO G D, SUAREZ C A, et al. Transcriptional regulation of the citrate gene cluster of *Enterococcus faecalis* Involves the GntR

family transcriptional activator CitO [J]. Journal of Bacteriology, 2008, 190 (22): 7419-7430.

[88] FINERAN P C, EVERSON L, SLATER H, et al. A GntR family transcriptional regulator (PigT) controls gluconate-mediated repression and defines a new, independent pathway for regulation of the tripyrrole antibiotic, prodigiosin, in Serratia [J]. Microbiology (Reading), 2005, 151 (Pt 12): 3833-3845.

[89] WIETHAUS J, SCHUBERT B, PFANDER Y, et al. The GntR-like regulator TauR activates expression of taurine utilization genes in *Rhodobacter capsulatus* [J]. Journal of Bacteriology, 2008, 190(2): 487-493.

[90] CASALI N, WHITE A M, RILEY L W. Regulation of the *Mycobacterium tuberculosis* mce1 operon [J]. Journal of Bacteriology, 2006, 188 (2): 441-449.

[91] GU D, MENG H, LI Y, et al. A GntR Family Transcription Factor (VPA1701) for Swarming Motility and Colonization of *Vibrio parahaemolyticus* [J]. Pathogens, 2019, 8(4): 235.

[92] LI Z, WANG S, ZHANG H, et al. Transcriptional regulator GntR of *Brucella abortus* regulates cytotoxicity, induces the secretion of inflammatory cytokines and affects expression of the type IV secretion system and quorum sensing system in macrophages [J]. World Journal of Microbiology & Biotechnology, 2017, 33(3): 60.

[93] ZHOU X, YAN Q, WANG N. Deciphering the regulon of a GntR family regulator via transcriptome and ChIP-exo analyses and its contribution to virulence in *Xanthomonas citri* [J]. Molecular Plant Pathology, 2017, 18(2): 249-262.

[94] JURADO-MARTIN I, SAINZ-MEJIAS M, MCCLEAN S. *Pseudomonas aeruginosa*: An Audacious Pathogen with an Adaptable Arsenal of Virulence Factors [J]. International Journal of Molecular Sciences, 2021, 22(6): 3128.

[95] KONG W, ZHAO J, KANG H, et al. ChIP-seq reveals the global regulator AlgR mediating cyclic di-GMP synthesis in *Pseudomonas aeruginosa* [J]. Nucleic Acids Research, 2015, 43(17): 8268-8282.

[96] WINSTANLEY C, O'BRIEN S, BROCKHURST M A. *Pseudomonas aeruginosa* Evolutionary Adaptation and Diversification in Cystic Fibrosis Chronic Lung Infections [J]. Trends in Microbiology, 2016, 24(5): 327-337.

[97] COGGAN K A, WOLFGANG M C. Global regulatory pathways and cross-talk control *pseudomonas aeruginosa* environmental lifestyle and virulence phenotype [J]. Current Issues in Molecular Biology, 2012, 14(2): 47-70.

[98] LIU G F, SU H Z, SUN H Y, et al. Competitive control of endoglucanase gene engXCA expression in the plant pathogen *Xanthomonas campestris* by the global transcriptional regulators HpaR1 and Clp [J]. Molecular Plant Pathology, 2019, 20(1): 51-68.

[99] WU K, XU H, ZHENG Y, et al. CpsR, a GntR family regulator, transcriptionally regulates capsular polysaccharide biosynthesis and governs bacterial virulence in *Streptococcus pneumoniae* [J]. Scientific Reports, 2016, 6: 29255.

[100] 都萃颖, 吴菲, 严婉芊, 等. 细菌中 2-甲基柠檬酸循环研究进展 [J]. 微生物学通报, 2020, 47(5): 1582-1588.

[101] CUMMINGS J H, POMARE E W, BRANCH W J, et al. Short chain fatty acids in human large intestine, portal, hepatic and venous blood [J]. Gut, 1987, 28(10): 1221-1227.

[102] SINGHAL A, ARORA G, VIRMANI R, et al. Systematic Analysis of *Mycobacterial Acylation* Reveals First Example of Acylation-mediated Regulation of Enzyme Activity of a Bacterial Phosphatase [J]. Journal of Biological Chemistry, 2015, 290(43): 26218-26234.

[103] MUNOZ-ELIAS E J, UPTON A M, CHERIAN J, et al. Role of the methylcitrate cycle in *Mycobacterium tuberculosis* metabolism, intracellular growth, and virulence [J]. Molecular Microbiology, 2006, 60(5): 1109-1122.

[104] CHAUHAN A, OGRAM A. Fatty acid-oxidizing consortia along a nutrient gradient in the Florida Everglades [J]. Applied and Environmental Microbiology, 2006, 72(4): 2400-2406.

[105] GOULD T A, VAN DE LANGEMHEEN H, MUNOZ-ELIAS E J, et al. Dual role of isocitrate lyase 1 in the glyoxylate and methylcitrate cycles in

Mycobacterium tuberculosis 〔J〕. Molecular Microbiology, 2006, 61（4）: 940-947.

〔106〕 BROCK M, BUCKEL W. On the mechanism of action of the antifungal agent propionate: Propionyl-CoA inhibits glucose metabolism in *Aspergillus nidulans* 〔J〕. European Journal of Biochemistry, 2004, 271（15）: 3227-3241.

〔107〕 MAN W J, LI Y, O'CONNOR C D, et al. The binding of propionyl-CoA and carboxymethyl-CoA to *Escherichia coli* citrate synthase 〔J〕. Biochimica et Biophysica Acta, 1995, 1250（1）: 69-75.

〔108〕 CHEEMA-DHADLI S, LEZNOFF C C, HALPERIN M L. Effect of 2-methylcitrate on citrate metabolism: implications for the management of patients with propionic acidemia and methylmalonic aciduria 〔J〕. Pediatric Research, 1975, 9（12）: 905-908.

〔109〕 EOH H, RHEE K Y. Methylcitrate cycle defines the bactericidal essentiality of isocitrate lyase for survival of *Mycobacterium tuberculosis* on fatty acids 〔J〕. Proceedings of the National Academy of Sciences of the United States of America, 2014, 111（13）: 4976-4981.

〔110〕 BROCK M. Generation and phenotypic characterization of *Aspergillus nidulans* methylisocitrate lyase deletion mutants: methylisocitrate inhibits growth and conidiation 〔J〕. Applied and Environmental Microbiology, 2005, 71（9）: 5465-5475.

〔111〕 ROJO F. Carbon catabolite repression in Pseudomonas: optimizing metabolic versatility and interactions with the environment 〔J〕. FEMS Microbiology Reviews, 2010, 34（5）: 658-684.

〔112〕 LITTLEWOOD-EVANS A, SARRET S, APFEL V, et al. GPR91 senses extracellular succinate released from inflammatory macrophages and exacerbates rheumatoid arthritis 〔J〕. Journal of Experimental Medicine, 2016, 213（9）: 1655-1662.

〔113〕 CROUSILLES A, DOLAN S K, BREAR P, et al. Gluconeogenic precursor availability regulates flux through the glyoxylate shunt in *Pseudomonas aeruginosa* 〔J〕. 2018, 293（37）: 14260-14269.

〔114〕 HUANG J, SONNLEITNER E, REN B, et al. Catabolite repression control of pyocyanin biosynthesis at an intersection of primary and secondary metabolism in *Pseudomonas aeruginosa* [J]. Applied and Environmental Microbiology, 2012, 78(14): 5016-5020.

[115] SAUVAGE S, GAVIARD C, TAHRIOUI A, et al. Impact of carbon source supplementations on *Pseudomonas aeruginosa* physiology [J]. Journal of Proteome Research, 2022, 21(6): 1392-1407.

[116] IBRAHIM-GRANET O, DUBOURDEAU M, LATGé J-P, et al. Methylcitrate synthase from *Aspergillus fumigatus* is essential for manifestation of invasive aspergillosis [J]. Cellular Microbiology, 2010, 10(1): 134-148.

[117] ROY S, PATRA T, GOLDER T, et al. Characterization of the gluconate utilization system of *Vibrio cholerae* with special reference to virulence modulation [J]. Pathogens Disease, 2016, 74(8): ftw085.

[118] AFZAL M, SHAFEEQ S, AHMED H, et al. N-acetylgalatosamine-Mediated regulation of the aga operon by AgaR in *Streptococcus pneumoniae* [J]. Frontier in Celluar and Infecteion Microbiology, 2016, 6: 101.

[119] DADDAOUA A, CORRAMMUGO A, RAMOS J U, et al. Identification of GntR as regulator of the glucose metabolism in *Pseudomonas aeruginosa* [J]. Environmental Microbiology, 2017, 19(9): 3721-3733.

[120] POTVIN E, SANSCHAGRIN F, LEVESQUE R C. Sigma factors in *Pseudomonas aeruginosa* [J]. FEMS Microbiology Reviews, 2008, 32(1): 38-55.

[121] BROWNING D F, BUTALA M, BUSBY S J W. Bacterial transcription factors: regulation by Pick "N" mix [J]. Journal of Molecular Biology, 2019, 431(20): 4067-4077.

[122] TANG S, HICKS N D, CHENG Y S, et al. Structural and functional insight into the *Mycobacterium tuberculosis* protein PrpR reveals a novel type of transcription factor [J]. Nuclceic Acids Research, 2019, 47(18): 9934-9949.

[123] VALENTINI M, GONZALEZ D, MAVRIDOU D A, et al. Lifestyle transitions and adaptive pathogenesis of *Pseudomonas aeruginosa* [J]. Current Opinion in Microbiology, 2018, 41: 15-20.

[124] ISRAEL C I, TOSHINAR M, MANDUJANO-TINOCO E A, et al. Role of quorum sensing in bacterial infections [J]. World Journal of Clinical Cases, 2015, 3(7): 575-598.

[125] PAPENFORT K, BASSLER B L. Quorum sensing signal-response systems in Gram-negative bacteria [J]. Nature Reviews Microbiology, 2016, 14(9): 576-588.

[126] WANG T, QI Y, WANG Z, et al. Coordinated regulation of anthranilate metabolism and bacterial virulence by the GntR family regulator MpaR in *Pseudomonas aeruginosa* [J]. Molecular Microbiology, 2020, 114(5): 857-869.

[127] COLLIER D N, ANDERSON L, MCKNIGHT S L, et al. A bacterial cell to cell signal in the lungs of cystic fibrosis patients [J]. FEMS Microbiology Letters, 2002, 215(1): 41-46.

[128] RAMPIONI G, FALCONE M, HEEB S, et al. Unravelling the Genome-Wide Contributions of Specific 2-Alkyl-4-Quinolones and PqsE to Quorum Sensing in *Pseudomonas aeruginosa* [J]. PLos Pathogens, 2016, 12(11): e1006029.

[129] WOLFGANG M C, OGLESBY-SHERROUSE A G, BLANKENFELDT W, et al. Mini review the pseudomonas quinolone signal (pqs): not just for quorum sensing anymore [J]. Frontiers in Cellular and Infection Microbiology, 2018, 8: 230.

[130] XIAO G, DéZIEL E, HE J, et al. MvfR, a key *Pseudomonas aeruginosa* pathogenicity LTTR-class regulatory protein, has dual ligands [J]. Molecular Microbiology, 2006, 62(6): 1689-1699.

[131] DOKHOLYAN N V. Controlling Allosteric Networks in Proteins [J]. Chemical Reviews, 2016, 116(11): 6463-6487.

[132] ABRUSAN G, MARSH J A. Ligand-binding-site structure shapes allosteric signal transduction and the evolution of Allostery in protein complexes [J]. Molecular Biology and Evolution, 2019, 36(8): 1711-1727.

[133] KORNEV A P, TAYLOR S S. Dynamics-driven allostery in protein kinases [J]. Trends in Biochemical Sciences, 2015, 40(11): 628-647.

[134] WRIGGERS W, CHAKRAVARTY S, JENNINGS P A. Control of protein functional dynamics by peptide linkers [J]. Biopolymers, 2005, 80(6): 736-746.

[135] NUSSINOV M. Dynamic Allostery: Linkersare not merely flexible [J]. Structure, 2011, 19(7): 907-917.

[136] JACOB-DUBUISSON F, MECHALY A, BETTON J M, et al. Structural insights into the signalling mechanisms of two-component systems [J]. Nature Reviews Microbiology, 2018, 16(10): 585-593.

[137] WUICHET K, ZHULIN I B. Origins and diversification of a complex signal transduction system in prokaryotes [J]. Science Signal, 2010, 3(128): ra50.

[138] CURTIS M M, HU Z, KLIMKO C, et al. The Gut commensal bacteroides thetaiotaomicron exacerbates enteric infection through modification of the metabolic landscape [J]. Cell Host & Microbe, 2014, 16(6): 759-769.

[139] TSANG A W, HORSWILL A R, ESCALANTESEMERENA J C. Studies of regulation of expression of the propionate (*prpBCDE*) operon provide insights into how *Salmonella typhimurium* LT2 integrates its 1, 2-propanediol and propionate catabolic pathways [J]. Journal of Bacteriology & Parasitology, 1998, 180(24): 6511-6518.

[140] KYRIAKIDIS D A, THEODOROU M C, TILIGADA E. Histamine in two component system-mediated bacterial signaling [J]. Frontiers Bioscience (Landmark Ed), 2012, 17(3): 1108-1119.

[141] WANG Y, CAO Q, CAO Q, et al. Histamine activates HinK to promote the virulence of *Pseudomonas aeruginosa* [J]. Science Bulletin, 2021, 66(11): 1101-1118.

[142] CONNORS J, DAWE N, VAN LIMBERGEN J. The role of succinate in the regulation of intestinal inflammation [J]. Nutrients, 2018, 11(1): 25.

[143] JIN X, ZHANG W, WANG Y, et al. Pyruvate kinase M2 promotes the activation of dendritic cells by enhancing IL-12p35 expression [J]. Cell Reports, 2020, 31(8): 107690.

[144] ZHOU X, LI X, YE Y, et al. MicroRNA-302b augments host defense to bacteria by regulating inflammatory responses via feedback to TLR/IRAK4

circuits [J]. Nature Communication, 2014, 5: 3619.

[145] GAO P, GUO K, PU Q, et al. *oprC* Impairs host defense by increasing the quorum-sensing-mediated virulence of *Pseudomonas aeruginosa* [J]. Frontiers in Immunology, 2020, 11: 1696.

[146] MALHOTRA S, HAYES D, JR. WOZNIAK D J. Cystic fibrosis and *Pseudomonas aeruginosa*: the host-microbe interface [J]. Clinical Microbiology Reviews, 2019, 32(3): e00138-18.

[147] BRENNAN S. Innate immune activation and cystic fibrosis [J]. Paediatric Respiratory Reviews, 2008, 9(4): 271-279.

[148] DIAZ M H, SHAVER C M, KING J D, et al. *Pseudomonas aeruginosa* induces localized immunosuppression during pneumonia [J]. Infection and Immunity, 2008, 76(10): 4414-4421.

[149] MANAGO A, BECKER K A, CARPINTEIRO A, et al. *Pseudomonas aeruginosa* pyocyanin induces neutrophil death via mitochondrial reactive oxygen species and mitochondrial acid sphingomyelinase [J]. Antioxidants and Redox Signaling, 2015, 22(13): 1097-1110.

[150] ULRICH D, JÖRG H. H, CATHARINA S. Between pathogenicity and commensalism [M]. Berlin: Springer, 2013.

附录 A

表 A-1　本书所用缩略语对照表

中文名称	英文名称	缩略语
过硫酸铵	Ammonium persulfate	APS
羧苄青霉素	Carbenicillin	Cb
发光值	Counts Per Second	CPS
乙二胺四乙酸	Ethylenediamine tetraacetic acid	EDTA
凝胶迁移电泳实验	Electrophoretic mobility shift assay	EMSA
N-2-羟乙基哌嗪 N-2-乙磺酸	4-(2-Hydroxyethyl)-1-piperazineethanesulfonic acid	HEPES
高效液相色谱	High Performance Liquid Chromatography	HPLC
螺旋-转角-螺旋	helix-tum-helix	HTH
异丙基-β-D-硫代半乳糖苷	Isopropyl β-D- Thiogalactopyranoside	IPTG
等温滴定量热法	Isothermal Titration Calorimetry	ITC
卡那霉素	kanamycin	Kan
2-甲基异柠檬酸	2-methylisocitrate	MIC
2-甲基柠檬酸循环	2-methylicitrate cycle	2-MCC
铜绿假单胞菌	Pseudomonas aeruginosa	PA
聚丙烯酰胺凝胶电泳	Polyacrylamide gel electrophoresis	PAGE
苯甲基磺酰氟	Phenylmethanesulfonyl Fluoride	PMSF
假单胞分离琼脂	Pseudomonas Isolation Agar	PIA
群体感应	Quorum Sensing	QS
逆转录 PCR	Reverse Transcription PCR	RT-PCR
十二烷基硫酸钠	Sodium Dodecyl Sulfate	SDS
鲑鱼精 DNA	Sheared Salmon Sperm DNA	sspDNA
四环素	Tetracycline	Tc
甲氧苄啶	Trimethoprim	Tmp
四甲基乙二胺	N,N,N′,N′-Tetramethylethylenediamine	TEMED
5-溴-4-氯-3-吲哚-D-半乳糖苷	5-bromo-4-chloro-3-indolyl-β-D-galactoside	X-gal

附录 B

研究中用到的菌株及质粒见表 B-1。

表 B-1　本书所用菌株及质粒

菌株或质粒	相关的基因型或特征	来源
质粒		
pAK1900	大肠杆菌–铜绿假单胞菌携带多克隆位点的穿梭表达载体; 羧苄青霉素抗性	实验室库存
mini-CTX-*lux*	携带无启动子的 *luxCDABE* 操纵子的整合载体; 四环素抗性	实验室库存
pET28a	T7/lac 复制子, N 端带有 His 标签; 卡那霉素抗性	实验室库存
pET-SUMO	SUMO 表达质粒; 卡那霉素抗性	实验室库存
pEX18Ap	源于 pUC18 的基因载体; *sacB*+氨苄青霉素抗性	实验室库存
pMS402	基于 *lux* 启动子的报告质粒, 卡那霉素抗性	实验室库存
mini-CTX-lacZ	整合质粒; 四环素抗性	实验室库存
mini-CTX-lacZ-*prpB*-flag	mini-CTX-lacZ 载体, 携带有 *prpB* 启动子和片段、C 端 Flag 标签; 四环素抗性	本研究制备
pEX18Ap-*pmiR*	pEX18AP 衍生物, PAO1 中替换掉 *pmiR*, 羧苄青霉素抗性	本研究制备
pEX18Ap-*prpB*	pEX18AP 衍生物, PAO1 中替换掉 *prpB*, 羧苄青霉素抗性	本研究制备
pEX18Ap-*prpC*	pEX18AP 衍生物, PAO1 中替换掉 *prpC*, 羧苄青霉素抗性	本研究制备
pEX18Ap-*prpD*	pEX18AP 衍生物, PAO1 中替换掉 *prpD*, 羧苄青霉素抗性	本研究制备
pEX18Ap-*pqsR*	pEX18AP 衍生物, PAO1 中替换掉 *pqsR*, 羧苄青霉素抗性	实验室库存
pEX18Ap-*pqsH*	pEX18AP 衍生物, PAO1 中替换掉 *pqsH*, 羧苄青霉素抗性	实验室库存

（续表）

菌株或质粒	相关的基因型或特征	来源
p-*pmiR*	pAK1900 衍生物, 带有 840 bp 的 *pmiR*, Hind Ⅲ/ BamH Ⅰ酶切位点	本研究制备
p-*prpB*	pAK1900 衍生物, 带有 897 bp 的 *prpB*, Hind Ⅲ/ BamH Ⅰ酶切位点	本研究制备
p-*prpC*	pAK1900 衍生物, 带有 1220 bp 的 *prpC*, Hind Ⅲ/ BamH Ⅰ酶切位点	本研究制备
p-*prpD*	pAK1900 衍生物, 带有 1620 bp 的 *prpD*, Hind Ⅲ/ BamH Ⅰ酶切位点	本研究制备
mini-CTX-*pqsR-lux*	mini-CTX-*lux* 载体, 含有 *pqsR* 启动子区(从−1起始点至−746), 卡那霉素、甲氧苄啶、四环素抗性	实验室库存
mini-CTX-*pqsR-M-p-lux*	CTX6.1, 含有 PmiR 与突变 *pqsR* 启动子和 *luxCDABE* 基因的结合位点, 卡那霉素、甲氧苄啶、四环素抗性	本研究制备
mini-CTX-*pqsH-lux*	mini-CTX-*lux* 载体, 含有 *pqsH* 启动子区(从−1起始点至−616), 卡那霉素、甲氧苄啶、四环素抗性	实验室库存
mini-CTX-*pqsH-M-p-lux*	CTX6.1, 含有 PmiR 与突变 *pqsH* 启动子和 *luxCDABE* 基因的结合位点, 卡那霉素、甲氧苄啶、四环素抗性	本研究制备
pKD-*prpB*	pMS402 载体含有 *prpB* 启动子区(从+20起始点至−136), 卡那霉素、甲氧苄啶抗性	本研究制备
pKD-*prpC*	pMS402 载体含有 *prpC* 启动子区(从+20起始点至−111), 卡那霉素、甲氧苄啶抗性	本研究制备
pKD-*prpD*	pMS402 载体含有 *prpD* 启动子区(从+20起始点至−153), 卡那霉素、甲氧苄啶抗性	本研究制备
pKD-*pqsA*	pMS402 载体含有 *pqsA* 启动子区(从−1起始点至−556), 卡那霉素、甲氧苄啶抗性	本研究制备
pKD-*pqsR*	pMS402 载体含有 *pqsR* 启动子区(从−1起始点至−746), 卡那霉素、甲氧苄啶抗性	本研究制备
pKD-*pqsH*	pMS402 载体含有 *pqsH* 启动子区(从−1起始点至−616), 卡那霉素、甲氧苄啶抗性	本研究制备
p-*pmiR*D143A	pAK1900∷*pmiR* 衍生物, 在天冬氨酸 143 残基位点用丙氨酸替代突变, 羧苄青霉素抗性	本研究制备
p-*pmiR*H147A	pAK1900∷*pmiR* 衍生物, 在组氨酸 147 残基位点用丙氨酸替代突变, 羧苄青霉素抗性	本研究制备

（续表）

菌株或质粒	相关的基因型或特征	来源
p-*pmiR*^{H192A}	pAK1900∷*pmiR* 衍生物, 在组氨酸 192 残基位点用丙氨酸替代突变, 羧苄青霉素抗性	本研究制备
p-*pmiR*^{H214A}	pAK1900∷*pmiR* 衍生物, 在组氨酸 214 残基位点用丙氨酸替代突变, 羧苄青霉素抗性	本研究制备
p-*pmiR*^{R95A}	pAK1900∷*pmiR* 衍生物, 在精氨酸 95 残基位点用丙氨酸替代突变, 羧苄青霉素抗性	本研究制备
p-*pmiR*^{R184A}	pAK1900∷*pmiR* 衍生物, 在精氨酸 184 残基位点用丙氨酸替代突变, 羧苄青霉素抗性	本研究制备
p-*pmiR*^{S218A}	pAK1900∷*pmiR* 衍生物, 在丝氨酸 218 残基位点用丙氨酸替代突变, 羧苄青霉素抗性	本研究制备
pET-*prpB*	带有 *prpB* 的 pET28a 衍生物, 卡那霉素抗性	本研究制备
pET-*prpC*	带有 *prpC* 的 pET28a 衍生物, 卡那霉素抗性	本研究制备
pET-*prpD*	带有 *prpD* 的 pET28a 衍生物, 卡那霉素抗性	本研究制备
pSUMO-*pmiR*	带有 SUMO-*pmiR* 标签的表达质粒, 卡那霉素抗性	本研究制备
pET-PmiR^{D143A}	pET28a-*pmiR* 质粒, 在天冬氨酸 143 残基位点用丙氨酸替代突变, 卡那霉素抗性	本研究制备
pET-PmiR^{H147A}	pET28a-*pmiR* 质粒, 在组氨酸 147 残基位点用丙氨酸替代突变, 卡那霉素抗性	本研究制备
pET-PmiR^{H192A}	pET28a-*pmiR* 质粒, 在组氨酸 192 残基位点用丙氨酸替代突变, 卡那霉素抗性	本研究制备
pET-PmiR^{H214A}	pET28a-*pmiR* 质粒, 在组氨酸 214 残基位点用丙氨酸替代突变, 卡那霉素抗性	本研究制备
pET-PmiR^{R95A}	pET28a-*pmiR* 质粒, 在精氨酸 95 残基位点用丙氨酸替代突变, 卡那霉素抗性	本研究制备
pET-PmiR^{R184A}	pET28a-*pmiR* 质粒, 在精氨酸 184 残基位点用丙氨酸替代突变, 卡那霉素抗性	本研究制备
pET-PmiR^{S218A}	pET28a-*pmiR* 质粒, 在丝氨酸 218 残基位点用丙氨酸替代突变, 卡那霉素抗性	本研究制备
pET-PmiR^{R24A}	pET28a-*pmiR* 质粒, 在精氨酸 24 残基位点用丙氨酸替代突变, 卡那霉素抗性	本研究制备
pET-PmiR^{R48A}	pET28a-*pmiR* 质粒, 在精氨酸 48 残基位点用丙氨酸替代突变, 卡那霉素抗性	本研究制备

（续表）

菌株或质粒	相关的基因型或特征	来源
pET-PmiR^{R54A}	pET28a-*pmiR* 质粒, 在精氨酸 54 残基位点用丙氨酸替代突变, 卡那霉素抗性	本研究制备
pET-PmiR^{R58A}	pET28a-*pmiR* 质粒, 在精氨酸 58 残基位点用丙氨酸替代突变, 卡那霉素抗性	本研究制备
pET-PmiR^{H62A}	pET28a-*pmiR* 质粒, 在组氨酸 62 残基位点用丙氨酸替代突变, 卡那霉素抗性	本研究制备
pET-PmiR^{R72A}	pET28a-*pmiR* 质粒, 在精氨酸 72 残基位点用丙氨酸替代突变, 卡那霉素抗性	本研究制备
pET-PmiR^{R127A}	pET28a-*pmiR* 质粒, 在精氨酸 127 残基位点用丙氨酸替代突变, 卡那霉素抗性	本研究制备
pET-PmiR^{R135A}	pET28a-*pmiR* 质粒, 在精氨酸 135 残基位点用丙氨酸替代突变, 卡那霉素抗性	本研究制备
pET-PmiR^{R172A}	pET28a-*pmiR* 质粒, 在精氨酸 172 残基位点用丙氨酸替代突变, 卡那霉素抗性	本研究制备
铜绿假单胞菌		
PAO1	野生型	实验室库存
Δ*pmiR*	从 PAO1 中敲除 *pmiR* 基因	本研究制备
Δ*pmiR*/p-*pmiR*	携带有 p-*pmiR* 质粒的 Δ*pmiR* 敲除菌株	本研究制备
Δ*prpB*	从 PAO1 中敲除 *prpB* 基因	本研究制备
Δ*prpB*/p-*prpB*	携带有 p-*prpB* 质粒的 Δ*prpB* 敲除菌株	本研究制备
Δ*prpC*	从 PAO1 中敲除 *prpC* 基因	本研究制备
Δ*prpC*/p-*prpC*	携带有 p-*prpC* 质粒的 Δ*prpC* 敲除菌株	本研究制备
Δ*prpD*	从 PAO1 中敲除 *prpD* 基因	本研究制备
Δ*prpD*/p-*prpD*	携带有 p-*prpD* 质粒的 Δ*prpD* 敲除菌株	本研究制备
Δ*pmiR*Δ*prpB*	*pmiR* 和 *prpB* 双敲除菌株	本研究制备
Δ*pmiR*Δ*prpC*	*pmiR* 和 *prpC* 双敲除菌株	本研究制备
Δ*pmiR*Δ*prpD*	*pmiR* 和 *prpD* 双敲除菌株	本研究制备
Δ*pqsR*	从 PAO1 中敲除 *pqsR* 基因	实验室库存
Δ*pmiR*Δ*pqsR*	*pmiR* 和 *pqsR* 双敲除菌株	本研究制备
Δ*pqsH*	从 PAO1 中敲除 *pqsH* 基因	实验室库存

（续表）

菌株或质粒	相关的基因型或特征	来源
Δ*pmiR*Δ*pqsH*	*pmiR* 和 *pqsH* 双敲除菌株	本研究制备
大肠杆菌		
DH5α	*F*－*φ*80*lacZ* Δ*M*15 Δ（*lacZYA*－*argF*）U169 *recA*1 *endA*1 *hsdR*17（rk－ mk+）*phoA supE*44 *thi*－1 *gyrA*96 *relA*1 *tonA*	Stratagene
BL21（DE3）	F^- *ompT hsdSB*（rB⁻mB⁻）*gal dcm met*(DE3)	Invitrogen

附录 C

本书所用引物信息见表 C-1。

表 C-1　本书所用引物序列

名称	寡核苷酸序列(5′ to 3′)	应用
pEX-*pmiR*-up-F	TTAGGATCCAACTCTACGAGACCGTGCG(*Bam*HI)	构建 *pmiR* 敲除菌株
pEX-*pmiR*-up-R	TAATCTAGAGTCATGGGCAATCTCGAGAGGG(*Xbal*)	
pEX-*pmiR*-down-F	ATATCTAGAAGCTGGAACCCCAGCCGG(*Xbal*)	
pEX-*pmiR*-down-R	AATAAGCTTGATGGTCGGCTCGTCGCT(*Hin*dIII)	
pEX-*prpB*-up-F	TTAGGATCCGAACTGATCGCCGAGGGT(*Bam*HI)	构建 *prpB* 敲除菌株
pEX-*prpB*-up-R	TAATCTAGAGCCACGGCTTCGCGGAAG(*Xbal*)	
pEX-*prpB*-down-F	ATATCTAGAGCTCGACGCGCTCTTCGCG(*Xbal*)	
pEX-*prpB*-down-R	ATAAAGCTTCGACGTGCGGGGTATGGCT(*Hin*dIII)	
pEX-*prpC*-up-F	TTAGGATCCAACGCTGCTTCATCACGTC(*Bam*HI)	构建 *prpC* 敲除菌株
pEX-*prpC*-up-R	TAATCTAGAGCCACCTGGCCACGCAGG(*Xbal*)	
pEX-*prpC*-down-F	ATATCTAGAGCGTTCGTGCCGCTGGAGC(*Xbal*)	
pEX-*prpC*-down-R	ATAAAGCTTCGAGGGCGCCTTCCCAGT(*Hin*dIII)	
pEX-*prpD*-up-F	TTACCCGGGAACGAGATGGTGCGCAAC(*Xmal*)	构建 *prpD* 敲除菌株
pEX-*prpD*-up-R	TAATCTAGACGGCGTCGTAGTCGGGACGTTGG(*Xbal*)	
pEX-*prpD*-down-F	ATATCTAGATGAACCGCTTCATGGACCTC(*Xbal*)	
pEX-*prpD*-down-R	ATAAAGCTTCAGTTCCTACCTGGCGCT(*Hin*dIII)	
pmiR-comp-F	AATAAGCTTCCAGCGATGCATTAGACGA(*Hin*dIII)	构建 *pmiR* 回补质粒

（续表）

名称	寡核苷酸序列（5′ to 3′）	应用
pmiR-overlap-*prpB*-R	GGTACTGGCTGTCCGGGTCG	
pmiR-overlap-*prpB*-F	ACCCGGACAGCCAGTACCATGAGCCAGACGTCCCTT	
prpB-comp-R	ATT<u>GGATCC</u>TCAGGCGTTCTTCTTCTG（*Bam*HI）	
prpC-comp-F	AATA<u>AGCTT</u>ACATCGAGCCCGGCGTGCG（*Hind*III）	构建 *prpC* 回补质粒
prpC-comp-R	ATT<u>GGATCC</u>TCAGCGTTGCTCCAGCGG（*Bam*HI）	
prpD-comp-F	AATA<u>AGCTT</u>ACCGACCTATCCTTGCCCCG（*Hind*III）	构建 *prpD* 回补质粒
prpD-comp-R	ATT<u>GGATCC</u>TCAGATCGCCAGGAGGTC（*Bam*HI）	
mini-*prpB*-flag-F	AAT<u>GGTACC</u>AGACCAGCGATGCATTAG（*kpn*I）	蛋白免疫印记
mini-*prpB*-flag-overlap-R	GGTACTGGCTGTCCGGGTCG	
mini-*prpB*-flag-overlap-F	ACCCGGACAGCCAGTACCATGAGCCAGACGTCCCTT	
mini-*prpB*-flag-R	ATT<u>GGATCC</u>GGCGTTCTTCTTCTGCGC（*Bam*HI）	
mini-*pqsR*-*lux*-F	AAT<u>CTCGAG</u>CCCTTATTCCTTTTATTGGGTG（*Xho*I）	构建 *pqsR* 整合质粒
mini-*pqsR*-*lux*-R	ATTA<u>AGCTT</u>AGTCGCTACACCTGAAGGC（*Hind*III）	
mini-*pqsH*-*lux*-F	AAT<u>CTCGAG</u>CCGTTGCTCCTTAGCAGC（*Xho*I）	构建 *pqsH* 整合质粒
mini-*pqsH*-*lux*-R	ATTA<u>AGCTT</u>CGGTTACCTCTTGCACGCG（*Hind*III）	
pqsR-*M*-F1	AAT<u>CTCGAG</u>CCCTTATTCCTTTTATTGGGTG（*Xho*I）	构建 *pqsR* 整合突变质粒
pqsR-*M*-R1	GCAAGAAGCGCAGAAAGCGAGCAGGAGG	
pqsR-*M*-F2	GGCCTCCAGCTCGCTTTCTGCGCTTCTT	
pqsR-*M*-R2	ATTA<u>AGCTT</u>CATAGTCGCTACACCTGAAGGCG（*Hind*III）	
pqsH-*M*-F1	AAT<u>CTCGAG</u>CGGTTACCTCTTGCACGCG（*Xho*I）	构建 *pqsH* 整合突变质粒
pqsH-*M*-R1	CAGAAGACCGCCGAGGAGCTACGGT	
pqsH-*M*-F2	AGCTCCTCGGCGGTCTTCTGCTAGC	

（续表）

名称	寡核苷酸序列（5′ to 3′）	应用
pqsH-M-R2	ATTAAGCTTCATCCGTTGCTCCTTAGCAGCG（HindIII）	
prpB-lux-F	AATCTCGAGGGTACTGGCTGTCCGGGTCG（XhoI）	构建 prpB 启动子质粒
prpC-lux-F	AATCTCGAGCGCAGAAGAAGAACGCCT（XhoI）	构建 prpC 启动子质粒
prpC-lux-R	ATTGGATCCAGTACTTTTGCTTCAGCCATTG（BamHI）	
prpD-lux-F	AATCTCGAGTACCCGGCGACGCCTTCT（XhoI）	构建 prpD 启动子质粒
prpD-lux-R	ATTGGATCCAGATCGACGTTGGCACTCATC（BamHI）	
q-prpB-F	GGTGCCGACATGATCTTCC	实时荧光定量 PCR
q-prpB-R	CGACGGATCGCGGTGTA	
q-prpC-F	TGCTCCACGGCAAGAA	
q-prpC-R	GAAGCGTTCGATCAGTTCC	
q-prpD-F	CCATCCCTCGGACAACC	
q-prpD-R	ACCTTGACCAGCAGCACAT	
q-asrA-F	CCGTTCATGGTGGAGGTG	
q-asrA-R	AGCGGTTCAGGTAGTTCTTC	
q-esrC-F	GTTGGCAGTCCTATGTCGAAG	
q-esrC-R	ATGAAGAGTTCGCTGAAGGTC	
q-PA0793-F	GGCCAAGTCCAGGAAACC	
q-PA0793-R	CCTCGGCATTGACGAACA	
q-PA0794-F	GCATCATGCACCAGATCAAC	
q-PA0794-R	GCGCAGGAACTCGGTCA	
pqsR-lux-F	AATCTCGAGCCCTTATTCCTTTTATTGGGTG（XhoI）	构建 pqsR 启动子质粒
pqsR-lux-R	ATTGGATCCAGTCGCTACACCTGAAGGC（BamHI）	

（续表）

名称	寡核苷酸序列（5′ to 3′）	应用
pqsA-lux-F	AATCTCGAGGTAGGTGTCCTCTTCGGCA（*Xho*I）	构建 *pqsA* 启动子质粒
pqsA-lux-R	ATTGGATCCGACAGAACGTTCCCTCTTC（*Bam*HI）	
pET-*pmiR*^{D143A}-overlap-F	CAGGAAGGC**GCC**TACGACTTCCACTACC	用于 EMSA/ITC 试验
pET-*pmiR*^{D143A}-overlap-R	AAGTCGTA**GGC**GCCTTCCTGCTGGTAATAG	
pET-*pmiR*^{H147A}-overlap-F	GACTTC**GCC**TACCGGATCATCCAGGGC	
pET-*pmiR*^{H147A}-overlap-R	CCGGTA**GGC**GAAGTCGTAGTCGCCTTCC	
pET-*pmiR*^{H192A}-overlap-F	GCCGAA**GGC**CACCGCATTCTCGACG	
pET-*pmiR*^{H192A}-overlap-R	GCGGTG**GGC**TTCGGCGAAGGCCTGG	
pET *pmiR*^{H214A}-overlap-F	CGCCGC**GCC**ATCAGTGCGTCGCG	
pET-*pmiR*^{H214A}-overlap-R	GCACTGAT**GGC**GCGGCGCATCAGCAG	
pET-*pmiR*^{R95A}-overlap-F	GAGATC**GCC**GAGTCCCTGGAAGGCAT	
pET-*pmiR*^{R95A}-overlap-R	GGGACTC**GGC**GATCTCGTAGAGCTCGATC	
pET-*pmiR*^{R184A}-overlap-R	GCGCGG**GGC**GTTCGGCGTGGT	
pET-*pmiR*^{S218A}-overlap-F	AGTGCG**GCC**CGCCGCAATATCG	
pET-*pmiR*^{S218A}-overlap-R	GCGGCG**GGC**CGCACTGATGTG	
pET-*pmiR*-F	AATGGATCCATGACCCAGAACCCGCCC（*Bam*HI）	蛋白克隆表达
pET-*pmiR*-R	ATTAAGCTTTTAGACGGTGGAGGAAGCGGAGG（*Hind*III）	

（续表）

名称	寡核苷酸序列（5′ to 3′）	应用
pET-$pmiR_{\Delta N}$-F	AAT<u>GGATCC</u>ATGGAGACCTTGTCGGAAC（*Bam*HI）	
pET-$pmiR_{\Delta N}$-R	ATT<u>AAGCTT</u>TTACTTCGCCGGCTGGGG（*Hin*dIII）	
pET-*prpB*-F	AAT<u>GGATCC</u>ATGAGCCAGACGTCCCTT（*Bam*HI）	
pET-*prpB*-R	ATT<u>AAGCTT</u>TCAGGCGTTCTTCTTCTGCGC（*Hin*dIII）	
pET-*prpC*-F	AAT<u>GGATCC</u>ATGGCTGAAGCAAAAGTACTGAG （*Bam*HI）	
pET-*prpC*-R	ATT<u>AAGCTT</u>TCAGCGTTGCTCCAGCGG（*Hin*dIII）	
pET-*prpD*-F	AAT<u>GGATCC</u>ATGAGTGCCAACGTCGATC（*Bam*HI）	
pET-*prpD*-R	ATT<u>AAGCTT</u>TCAGATCGCCAGGAGGTCC（*Hin*dIII）	
pET-$pmiR^{R24A}$- overlap-F	CGTCTTC**GCC**AAGATCCAGAGCGCC	用于 EMSA 试验
pET-$pmiR^{R24A}$- overlap-R	CTGGATCTT**GGC**GAAGACGTGTTCCGAC	
pET-$pmiR^{R48A}$- overlap-F	GCTGGCG**GCC**ACCTACGGCATCAG	
pET-$pmiR^{R48A}$- overlap-R	CCGTAGGT**GGC**CGCCAGCTCCGGC	
pET-$pmiR^{R54A}$- overlap-F	CATCAGC**GCC**GGCCCGCTGCGC	
pET-$pmiR^{R54A}$- overlap-R	CGGGCC**GGC**GCTGATGCCGTAGG	
pET-$pmiR^{R58A}$- overlap-F	CCGCTG**GCC**GAGGCGATCCACCG	
pET-$pmiR^{R58A}$ -overlap-R	TCGCCTC**GGC**CAGCGGGCCGCG	
pET-$pmiR^{H62A}$- overlap-F	GGCGATCG**CCC**GCCTGGAAGGCCT	
pET-$pmiR^{H62A}$- overlap-R	TCCAGGCG**GGC**GATCGCCTCGCGC	
pET-$pmiR^{R72A}$- overlap-F	GCTGGTG**GCC**GTGCCGCATGTCGG	

（续表）

名称	寡核苷酸序列（5′ to 3′）	应用
pET-*pmiR*^{R72A}-overlap-R	TGCGGCAC**GGC**CACCAGCAGGCG	
pET-*pmiR*^{R127A}-overlap-F	CACGAG**GCC**GACGAGGCGTTCCAG	
pET-*pmiR*^{R127A}-overlap-R	GCCTCGTC**GGC**CTCGTGGGTGTCG	
pET-*pmiR*^{R135A}-overlap-F	AGGCCGGG**GCC**GGCTATTACCAGCA	
pET-*pmiR*^{R135A}-overlap-R	TAATAGCC**GGC**CCCGGCCTGGAACG	
pET-*pmiR*^{R172A}-overlap-F	ACTGGTG**GCC**ATGTACCGCATCCAGTACTC	
pET-*pmiR*^{R172A}-overlap-R	CGGTACAT**GGC**CACCAGTTGGTAGAGCTCG	
pmiR-R	GGTACTGGCTGTCCGGGTCG	
pmiR$_{-217 \text{ to } -84}$-F	CGCCCATGCCGCAGGCGAA	用于 EMSA 试验
pmiR$_{-217 \text{ to } -84}$-R	TGATTGTCGACAATCGTCTAATGCA	
pmiR$_{-97 \text{ to } +100}$-F	CGATTGTCGACAATCAAGCGACG	
pmiR$_{-97 \text{ to } +100}$-R	CGCCGCTGACGATGGCG	
pmiR$_{-71 \text{ to } +100}$-F	TGATTGACCCCACGCAATCC	
pmiR$_{-71 \text{ to } +100}$-R	CGCCGCTGACGATGGCG	
pmiR$_{-54 \text{ to } +100}$-F	CAGGCGGTAGCTTTCGCAAAC	
pmiR$_{-54 \text{ to } +100}$-R	CGCCGCTGACGATGGCG	
pqsA-F	GTAGGTGTCCTCTTCGGCA	
pqsA-R	GACAGAACGTTCCCTCTTC	
pqsR-F	CCCTTATTCCTTTTATTGGGTG	
pqsR-R	AGTCGCTACACCTGAAGGCGC	
pqsR-*p*1-F	GGCCGCCGGCTCGCTTT	
pqsR-*p*1-R	CATAGTCGCTACACCTGAAGGCGC	

（续表）

名称	寡核苷酸序列（5′ to 3′）	应用
pqsR-p2-F	CGCACGGCACGGGGAGTC	
pqsR-p2-R	CATAGTCGCTACACCTGAAGGCGC	
pqsR-M-p-F	GGCCTCCTGCTCGCTTTCTGCGCTTCTT	
pqsR-M-p-R	CATAGTCGCTACACCTGAAGGCGC	
pqsH-F	CCGTTGCTCCTTAGCAGCG	
pqsH-R	CGGTTACCTCTTGCACGCG	
pqsH-p1-F	AGCGCCGCGGCGGGCGGCG	
pqsH-p1-R	CCCTGGATAAGAACGGTCATCCGTTG	
pqsH-p2-F	CTAGCGGGGATTTCCGGCCACG	
pqsH-p2-R	CCCTGGATAAGAACGGTCATCCGTTG	
pqsH-M-p-F	AGCTCCTCGGCGGTCTTCTGCT	
pqsH-M-p-R	CCCTGGATAAGAACGGTCATCCGTTG	
prpC-F	AATCTCGAGCGCAGAAGAAGAACGCCT	
prpC-R	ATTGGATCCAGTACTTTTGCTTCAGCCATTG	
prpD-F	AATCTCGAGTACCCGGCGACGCCTTCT	
prpD-R	ATTGGATCCAGATCGACGTTGGCACTCATC	
prpB-FT-F（FAM）	GGTACTGGCTGTCCGGGTC	DNA 酶I足迹法
prpB-FT-R	CCAGCGCCTGCATTTGCGCG	
pqsH-FT-F（FAM）	GCACGCGTGGCCGGAAAT	
pqsH-FT-R	CTTCCGGCAATCACTACC	

附录 D

表 D-1　数据收集和细化统计表表格

结构	PmiR 单-蛋白	PmiR-MIC 复合物
蛋白数据库编号	7XP0	7XP1
数据收集[*]		
空间群	I4$_1$22	I4$_1$22
晶胞参数		
a、b、c(埃)	74.4, 74.4, 188.2	74.0, 74.0, 186.5
A、β、γ(°)	90.0, 90.0, 90.0	90.0, 90.0, 90.0
波长(埃)	0.9793	0.9793
分辨率(埃)	30.0~2.60	30.0~2.50
高分辨率壳层(埃)	2.69~2.60	2.59~2.50
完整性(%)	98.6 (91.7)	96.4 (71.6)
重复单元	8.7 (4.6)	17.7 (8.1)
再合并(%)	11.5 (43.4)	4.7 (39.3)
强度/误差(强度)	17.8 (2.4)	56.1 (2.9)
精修		
晶体表面再构(埃)	29.4~2.61	29.2~2.50
反射数量	7169	7747
R 因子(%)和自由 R 因子(%)	20.0/25.0	21.2/26.8
原子数		
蛋白	1601	1592
锌离子	1	1
配体	0	14
均方根偏差		
键长(埃)	0.002	0.002

（续表）

结构	PmiR 单-蛋白	PmiR-MIC 复合物
键角(°)	0.470	0.443
拉氏图(%)		
最有利条件	99.0	96.4
额外操作	1.0	3.6
异常值	0.00	0.0

∗：括号中的值为高分辨率下的数值